流体計算と差分法

桑原邦郎・河村哲也　編著

朝倉書店

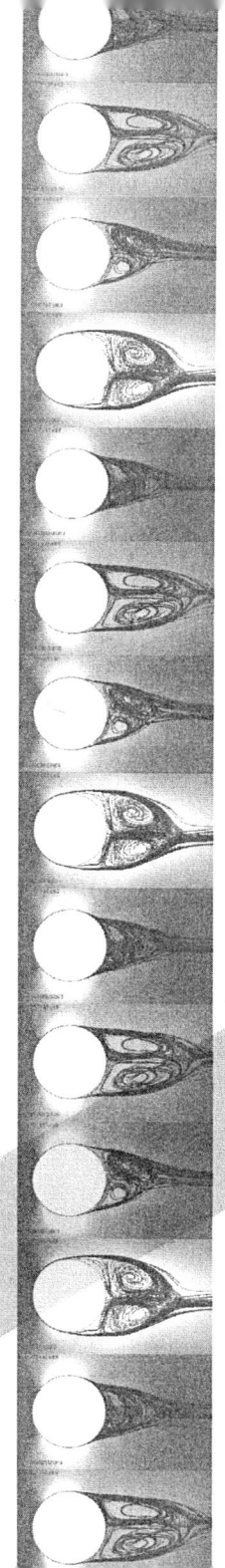

はじめに

　本書は，差分法による偏微分方程式の数値解法の基礎とその流体計算への応用を，初心者にもわかるようにやさしく解説した本である．

　偏微分方程式を計算によって解くという発想は古くからあり，有名な試みとして気象学者のリチャードソンが，ヨーロッパ中部を水平方向に25，高さ方向に5層の格子に分けて流体力学の基礎方程式を差分法で解いたという例があり，1922年に報告されている．結果は気圧が6時間に145 hPaも変化するという現実とかけはなれたものであったが，それはコンピュータの発明以前の時代で格子を多くとれなかったことに起因しており，リチャードソンの試み自体は高く評価されている．事実，コンピュータの発明直後に数学者ノイマンはコンピュータの用途として数値予報を大きな目標としてかかげた．そして，コンピュータの発展とともに数値予報は精度を上げ，現在は実用化されるに至っている．

　コンピュータの進歩とともに偏微分方程式の近似解法も差分法だけではなく，有限要素法や境界要素法など種々の解法も考案されてきた．しかし，差分法は微分を差分で置き換えるという素朴で単純な方法であるため，原理的にはどのような偏微分方程式にも適用可能な汎用性のきわめて高い方法である．しかも，物理的な直観を近似式に入れやすい．このことは，本文でも強調したが，偏微分方程式の数値解法にとってかなり重要な意味をもつ．さらに，プログラミングが容易であるとともに記憶容量や計算時間の点でもすぐれている．一方，欠点として形状表現能力が他の方法に比べるとやや劣ること，言い換えれば複雑な領域での計算を精度よく行うことが困難な点があげられる．しかし，境界適合格子を用いることにより，この欠点は大幅に改善される．

　本書の内容は以下のとおりである．第1章では差分法の基礎を述べる．まず差分近似式の種々の構成法を示した後，常微分方程式を用いて差分法による微

分方程式の解法に関するやさしい導入を行う．第2章では線形偏微分方程式の差分解法について基礎から始めて詳しく述べるが，それには2つの理由がある．1つは，物理や工学では拡散方程式，波動方程式，ラプラス（ポアソン）方程式が非常にしばしば現れ，それを数値的に解くこと自体が実用上重要であるからである．もう1つの理由として，本書の主題が流体計算であり，非線形の偏微分方程式の取り扱いが必要になるが，たとえ非線形であっても基本は本章で述べる線形微分方程式にあるためである．第3章では，複雑な領域において偏微分方程式を解く場合の差分法による対処の仕方について述べる．具体的には，一般座標における方程式の表現と，複雑な領域において曲線格子を生成する方法などについて述べる．第4章では流体の基礎方程式であるナビエ・ストークス方程式の差分解法について，特に高レイノルズ数の流れの解析法を強調して述べる．ただし，紙面の都合で非圧縮性流体に話を限ることにする．第5章は種々の計算例を紹介しながら，本書で述べた方法の有効性を示す．

付録Aでは，本書のまとめを講義ノート形式で記しているが，この部分がある意味で本書の特徴になっている．この部分がすらすら理解できるようになれば，著者の目的は達成されたことになる．実際この部分は著者の1人（桑原）がつくった講義ノートに他の著者（河村）が若干手を加えたものである．付録Bではやや専門的になるが，上流差分法の有効性を示すための研究例を示しておいた．

なお，本書の1～4章は主に河村が，5章は主に小紫が，付録Bは主に大井田が執筆し，全体を桑原が校閲するという形をとった．

本書によって読者諸氏が差分法の基礎をマスターし，さらに本書が実際の流体計算を行う場合の指針になれば著者らの喜びこれにすぐるものはない．

最後に以下のことを付け加えておきたい．実は本書完成の間際に恩師今井功先生の突然の訃報に接した．桑原・河村は今井先生の直弟子，孫弟子として先生の影響を計り知れないほど受けている．この小著を先生のご霊前に捧げたい．また本書の出版にあたり朝倉書店編集部の方々にはたいへんお世話になったことを付記しておく．

2005年1月

著者一同

目 次

1. **差分法の基礎** ·· 1
   1.1 差分近似式の構成法 ·· 1
       a. テイラー展開の利用 (その1) ····································· 2
       b. テイラー展開の利用 (その2) ····································· 5
       c. 多項式近似 ·· 7
       d. 陰的な差分法 ·· 10
   1.2 常微分方程式の初期値問題 (その1) ································ 12
   1.3 常微分方程式の初期値問題 (その2) ································ 17
   1.4 常微分方程式の境界値問題 ·· 21

2. **線形偏微分方程式の差分解法** ·· 26
   2.1 線形2階微分方程式の性質 ·· 26
       a. 双曲型方程式 ·· 28
       b. 放物型方程式 ·· 29
       c. 楕円型偏微分方程式 ·· 32
       d. 初期条件・境界条件 ··· 35
   2.2 拡散方程式の差分解法 (その1) ···································· 37
   2.3 拡散方程式の差分解法 (その2) ···································· 43
   2.4 拡散方程式の差分解法 (その3) ···································· 49
   2.5 移流方程式の差分解法 (その1) ···································· 50
   2.6 移流方程式の差分解法 (その2) ···································· 54
       a. ラックス・ベンドロフ法 ·· 55
       b. マコーマック法 ··· 55
       c. 陰解法 ··· 57

目次

- 2.7 波動方程式の差分解法 ·· 60
- 2.8 ラプラス・ポアソン方程式の差分解法 ································ 62

3. 一般座標と格子生成法 ·· 72
- 3.1 一般座標変換 ··· 72
- 3.2 代数的格子生成法 ·· 83
  - a. ラグランジュ補間 ··· 83
  - b. エルミート補間 ·· 86
  - c. 超限補間 ··· 88
- 3.3 解析的格子生成法 ·· 89
- 3.4 種々の格子 ·· 92

4. 非圧縮性流れの数値計算法 ··· 95
- 4.1 モデル方程式の数値計算法 ·· 95
- 4.2 上流差分法 (その 1) ··· 100
- 4.3 上流差分法 (その 2) ··· 103
- 4.4 非圧縮性ナビエ・ストークス方程式の特徴 ························· 106
- 4.5 MAC 系の解法 ·· 110
  - a. MAC 法 (その 1) ·· 110
  - b. MAC 法 (その 2) ·· 112
  - c. SMAC 法 ·· 114
  - d. フラクショナル・ステップ法 ······································· 116

5. 計算例 ··· 118
- 5.1 レイノルズ数による流れの違い ······································· 118
  - a. キャビティ流れ ·· 118
  - b. 円柱を過ぎる流れ ··· 121
- 5.2 物体まわりの流れ ·· 123
  - a. カルマン渦の再配列 ·· 123
  - b. 翼を過ぎる高レイノルズ数の流れ ·································· 125
  - c. 煙突を含む建造物まわりの流れ ····································· 127

5.3 熱対流	128
5.4 その他の流れ	132

A. 講義ノート ································· 136
    a. モデル方程式 ································· 136
    b. 加速度項のもつ意味 ····························· 137
    c. 波動方程式の差分化 ····························· 138
    d. 波動方程式の数値解法 ··························· 139
    e. 拡散方程式の数値解法 ··························· 140
    f. バーガース方程式の数値解法 ······················· 141
    g. 2次元ナビエ・ストークス方程式の数値解法 ············ 142
    h. MAC法による数値解法 ·························· 143
    i. ポアソン方程式の数値解法 ······················· 144
    j. 収束の加速法 ································· 145
    k. 数値計算を行う上での注意点 ······················· 146
    l. 非圧縮性ナビエ・ストークス方程式の数値計算の特徴 (1) ······ 147
    m. 非圧縮性ナビエ・ストークス方程式の数値計算の特徴 (2) ······ 148
    n. エリアシングエラーと対処法 ······················ 149
    o. 解法の有効性 ································· 150
    p. 各階の微分方程式の基本的な性質 ···················· 151
    q. 拡散方程式のシリーズ ··························· 152
    r. 1次精度と2次精度の上流差分 ····················· 153
    s. 3次精度上流差分 ······························· 154
    t. 多方向上流差分 ································· 155

B. バーガース方程式の数値解法 ··························· 156
    B.1 計算モデルおよび数値解法 ······················· 156
    B.2 評価対象スキーム ······························ 157
        a. カワムラ・クワハラスキーム ······················ 157
        b. 4次精度中心差分項の離散化 ······················ 157
        c. 数値粘性項 ································· 159

d. バーガース方程式に非圧縮性流体の非線形項スキームを適用する
        場合の問題点 ……………………………………………… 159
  B.3　解析結果 …………………………………………………………… 160
     a. 中心差分項のみの場合 (数値粘性なしの場合) ………………… 160
     b. $|u|$ を含む数値粘性項，および係数の大きさの影響 …………… 161
     c. 数値粘性項の係数 $|u|$ の効果 …………………………………… 165
  B.4　まとめ ……………………………………………………………… 167

索　　引 ……………………………………………………………………… 169

chapter 1 差分法の基礎

1.1 差分近似式の構成法

差分法では微分方程式に現れる導関数を，離散点における関数値の線形結合で近似する．たとえば，図 1.1 のように離散点があるとき，1 階微分および 2 階微分は

$$\frac{df}{dx} \sim \frac{f(x+h)-f(x)}{h} \tag{1.1}$$

$$\frac{d^2f}{dx^2} \sim \frac{f(x+h)-2f(x)+f(x-h)}{h^2} \tag{1.2}$$

と近似できる．ここで記号 $\sim$ は近似を表す．近似式は一通りではなく，

$$\frac{df}{dx} \sim \frac{f(x+h)-f(x-h)}{2h} \tag{1.3}$$

$$\frac{d^2f}{dx^2} \sim \frac{-f(x+2h)+16f(x+h)-30f(x)+16f(x-h)-f(x-2h)}{12h^2} \tag{1.4}$$

などといった近似もある．この場合，式 (1.1), (1.2) よりも式 (1.3), (1.4) のほうが精度がよい．このような近似式は数値解析や微分方程式の近似解法などの書物に記載されているため，それらを調べて用いればよいが，以下に示すような方法によっても比較的容易に導ける．

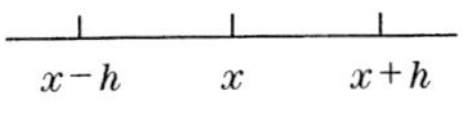

図 1.1 離散点

a. テイラー展開の利用 (その1)

微積分学でよく知られているように (f が適当な回数微分できるとすれば)

$$f(x+h) = f(x) + h\frac{df}{dx} + \frac{h^2}{2!}\frac{d^2f}{dx^2} + \frac{h^3}{3!}\frac{d^3f}{dx^3} + \cdots \tag{1.5}$$

が成り立つ (テイラー展開). この式は h の正負にかかわらず成り立つが, わかりやすくするため負の場合には $h = -k$ とおくと

$$f(x-k) = f(x) - k\frac{df}{dx} + \frac{k^2}{2!}\frac{d^2f}{dx^2} - \frac{k^3}{3!}\frac{d^3f}{dx^3} + \cdots \tag{1.6}$$

となる.

はじめに2階微分 d^2f/dx^2 の x における値を x および隣接の2つの格子点 $x-k$, $x+h$ における f の値で近似することを考える. そのために

$$\frac{d^2f}{dx^2} \sim af(x-k) + bf(x) + cf(x+h) \tag{1.7}$$

という形に書いて係数 a, b, c を決めてみよう. 式 (1.7) の右辺に式 (1.5), (1.6) を代入して同類項をまとめれば

$$\begin{aligned}
&af(x-k) + bf(x) + cf(x+h) \\
&= (a+b+c)f(x) + (-ka+hc)\frac{df}{dx} + \left(\frac{k^2}{2}a + \frac{h^2}{2}c\right)\frac{d^2f}{dx^2} \\
&\quad + \left(-\frac{k^3}{6}a + \frac{h^3}{6}c\right)\frac{d^3f}{dx^3} + \cdots
\end{aligned} \tag{1.8}$$

となる. 式 (1.8) が d^2f/dx^2 の近似になるためには, f および df/dx の係数が 0 であり, d^2f/dx^2 の係数が 1 であればよい. すなわち, a, b, c を決める関係式として

$$a+b+c = 0, \quad -ka+hc = 0, \quad \frac{k^2}{2}a + \frac{h^2}{2}c = 1 \tag{1.9}$$

が得られる. このとき式 (1.8) の右辺の第4項以降が誤差になるが, それについては後述する.

式 (1.9) は連立3元1次方程式であるため, 解は容易に求まり

$$a = \frac{2}{k(k+h)}, \quad b = -\frac{2}{kh}, \quad c = \frac{2}{h(k+h)}$$

となる．したがって，2階微分の近似式として

$$\frac{d^2f}{dx^2} = \frac{2}{k(k+h)}f(x-k) - \frac{2}{kh}f(x) + \frac{2}{h(k+h)}f(x+h) \tag{1.10}$$

が得られる．

k と h は一般に小さな数で同程度の大きさである．そこで，誤差を議論する場合には h と k を同じものとみなすことにする．このとき式 (1.8) の右辺第 3 項は ch^2 程度の大きさであり，第 4 項は ch^3 程度の大きさになる．式 (1.10) の誤差は，形の上では式 (1.8) で ch^3 を無視して得られたため h^3 のようにみえるが，c が h^{-2} のオーダーなので h のオーダーである．すなわち，d^2y/dx^2 自体の誤差は h である．一般に誤差が h^p に比例する近似式を精度が p 次であるという．したがって式 (1.10) の精度は 1 次である．

式 (1.10) において特に $h=k$ である場合，すなわち 3 つの点が等間隔の場合には式 (1.2) が得られる．このとき，式 (1.8) の d^3f/dx^3 の項はなくなるため，誤差は h^2 程度であり，精度は 2 次になる．この差分近似式を (2 階微分に対する) 中心差分近似という．

次に式 (1.8) を利用して 1 階微分 df/dx を近似することを考えてみよう．2 階微分の場合と同様に考えれば，式 (1.8) が 1 階微分の近似になるためには，f の係数が 0 で df/dx の係数が 1 であればよい．したがって

$$a+b+c=0, \quad -ka+hc=1$$

が成り立てば 1 階微分の近似式として使える．しかし，この式を満足する a, b, c は無限にあり，一通りに決まらない．そこで，a, b, c の間に新たに条件をつけることができる．

最も簡単には $a=0$ とすると $b=-1/h, c=1/h$ となるため，近似式として式 (1.1) が得られる．すなわち，$a=0$ としたため，3 点ではなく 2 点だけを使った近似になっている．同様に $c=0$ とすれば，2 点を使った近似式

$$\frac{dy}{dx} \sim \frac{f(x)-f(x-k)}{k} \tag{1.11}$$

が得られる．式 (1.1), (1.11) をそれぞれ (1 階微分に対する) 前進差分近似，後退差分近似とよんでいる．なお，前の議論からこれらの差分近似の誤差は h (または k) の大きさであること，すなわち精度が 1 次であることがわかる．

a および c が 0 でなければ 3 点を使った近似になるが，誤差を少なくするという意味では付帯条件として式 (1.8) の 2 階微分の係数を 0 にとるのがよい．この場合に限って，精度は 2 次になる．具体的な係数は

$$a + b + c = 0, \quad -ka + hc = 1, \quad \frac{k^2}{2}a + \frac{h^2}{2}c = 0 \qquad (1.12)$$

を解いて，

$$a = -\frac{h}{k(k+h)}, \quad b = \frac{h-k}{kh}, \quad c = \frac{k}{h(k+h)}$$

となる．したがって，3 点を使った 1 階微分の最も精度のよい近似式として

$$\frac{df}{dx} = -\frac{h}{k(k+h)}f(x-k) + \frac{h-k}{kh}f(x) + \frac{k}{h(k+h)}f(x+h) \qquad (1.13)$$

が得られる．

特に式 (1.13) において $k = h$ とおけば式 (1.3) となるが，これを (1 階微分に対する) 中心差分とよんでいる (この場合はたまたま中央の点は現れない)．また h, k は正負を問わないので $k = -2h$ とおけば

$$\frac{df}{dx} = \frac{-3f(x) + 4f(x+h) - f(x+2h)}{2h} \qquad (1.14)$$

となり，$h = -2k$ とおけば

$$\frac{df}{dx} = \frac{f(x-2k) - 4f(x-k) + 3f(x)}{2k} \qquad (1.15)$$

となる．これらは，着目点の片側だけを使った近似式である．

2 階微分や 1 階微分の近似式の導き方からも明らかなように，一般に $f(x)$ の n 階微分を近似するためには最低 $n+1$ 個の異なった格子点での値が必要になる．なぜなら，$n+1$ 個の点を用いて式 (1.8) の左辺に対応する式をつくったとき，右辺の $f, \cdots, d^{n-1}f/dx^{n-1}$ の係数が 0 で，$d^n f/dx^n$ の係数が 1 であるという $n+1$ 個の条件を満足させる必要があるため，左辺の決めるべき係数は $n+1$ 個以上なければならないからである．ここで，特に $n+1$ 個の点であれば係数は一通りに決まるが，それより多くの点であれば一通りに決まらない．その場合には精度を最もよくするなど付帯条件をつけることができる．

偏微分の差分近似は，微分する変数以外の変数を定数とみなす微分が偏微分

であるため，上で導いた常微分の公式がそのまま使える．たとえば，u を 2 変数 (x, y) の関数 $u(x, y)$ としたとき，u の x に関する 1 階微分を前進差分，y に関する 2 階微分を中心差分で近似すれば

$$\frac{\partial u}{\partial x} \sim \frac{u(x+h, y) - u(x, y)}{h} \tag{1.16}$$

$$\frac{\partial^2 u}{\partial y^2} \sim \frac{u(x, y-h) - 2u(x, y) + u(x, y+h)}{h^2} \tag{1.17}$$

となる．

b. テイラー展開の利用 (その 2)

本項ではテイラー (Taylor) 展開を用いた差分近似式の別の構成法を紹介しよう．この方法では導関数をべき級数に展開する．

まず 1 階微分については，df/dx を評価したい点 x_j のまわりでべき級数に展開すると

$$\frac{df}{dx} = a_0 + a_1(x - x_j) + a_2(x - x_j)^2 + \cdots \tag{1.18}$$

となる．x は x_j に近い点であるので，上式の右辺第 1 項は df/dx の第 1 近似を表し，以下第 2 項，第 3 項，…の影響を含めることによって近似式の精度を上げていくことができる (ただし，点 $x = x_j$ での df/dx の値は a_0 の値である)．式 (1.18) を x で積分すると

$$f(x) = c + a_0(x - x_j) + \frac{a_1}{2}(x - x_j)^2 + \cdots \tag{1.19}$$

となる．第 1 近似では

$$f(x) = c + a_0(x - x_j)$$

と近似するため，この式を用いて a_0 を決めれば，$a_0 = df/dx$ となる．そこで上式に $x = x_j$ および $x = x_{j+1}(= x + h)$ を代入すれば，c と a_0 に対する連立 2 元 1 次方程式となり，a_0 の値，すなわち df/dx として

$$\frac{df}{dx}(= a_0) = \frac{f_{j+1} - f_j}{x_{j+1} - x_j} \tag{1.20}$$

が得られる．ただし，$f_j = f(x_j)$ などと略記している．

精度を上げるには式 (1.19) の第2項まで考慮して

$$f(x) = c + a_0(x - x_j) + \frac{a_1}{2}(x - x_j)^2$$

とする．係数 c, a_0, a_1 を決めるため，上式に $x = x_{j-1}$, $x = x_j$, $x = x_{j+1}$ を代入すれば，c, a_0, a_1 に対する連立3元1次方程式

$$f_{j-1} = c + (x_{j-1} - x_j)a_0 + \frac{(x_{j-1} - x_j)^2}{2}a_1$$

$$f_j = c$$

$$f_{j+1} = c + (x_{j+1} - x_j)a_0 + \frac{(x_{j+1} - x_j)^2}{2}a_1$$

が得られる．したがって，これを解いて a_0 を求めれば，近似式は

$$\frac{df}{dx}(= a_0) = \frac{\begin{vmatrix} f_{j-1} - f_j & (x_{j-1} - x_j)^2 \\ f_{j+1} - f_j & (x_{j+1} - x_j)^2 \end{vmatrix}}{\begin{vmatrix} x_{j-1} - x_j & (x_{j-1} - x_j)^2 \\ x_{j+1} - x_j & (x_{j+1} - x_j)^2 \end{vmatrix}} \tag{1.21}$$

となる．

　この方法の利点は，円柱座標系の軸の近くなど，物理的には特異点ではなくても，特定の座標系を選んだために生じるみかけ上の特異性を合理的に取り扱える点にある．このことをラプラシアンを円柱座標で表した場合の半径方向の微分

$$\frac{1}{r}\frac{d}{dr}\left(r\frac{df}{dr}\right)$$

を例にとって説明してみよう．

　最も少ない点を用いた近似ですませるため，テイラー展開の初項だけを残して

$$\frac{1}{r}\frac{d}{dr}\left(r\frac{df}{dr}\right) = a_0$$

とする．この式を2回積分すれば

$$f = c_1 + c_0 \log r + \frac{1}{4}a_0 r^2 \tag{1.22}$$

となる．未定の定数は c_1, c_0, a_0 の 3 つであるため，この式の r に r_{j-1}, r_j, r_{j+1} を代入すれば連立 3 元 1 次方程式

$$c_1 + (\log r_{j-1})c_0 + \frac{r_{j-1}^2}{4}a_0 = f_{j-1}$$

$$c_1 + (\log r_j)c_0 + \frac{r_j^2}{4}a_0 = f_j$$

$$c_1 + (\log r_{j+1})c_0 + \frac{r_{j+1}^2}{4}a_0 = f_{j+1}$$

が得られる．ただし，近似式に必要なのは a_0 だけであるので，上式を解いて a_0 を求めれば

$$\frac{1}{r}\frac{d}{dr}\left(r\frac{df}{dr}\right) = \frac{\begin{vmatrix} 1 & \log r_{j-1} & f_{j-1} \\ 1 & \log r_j & f_j \\ 1 & \log r_{j+1} & f_{j+1} \end{vmatrix}}{\begin{vmatrix} 1 & \log r_{j-1} & r_{j-1}^2/4 \\ 1 & \log r_j & r_j^2/4 \\ 1 & \log r_{j+1} & r_{j+1}^2/4 \end{vmatrix}} \tag{1.23}$$

という近似式が得られる．

差分計算において軸上の値は境界条件として与えられることが多いため，軸より 1 つ外側の格子点から式 (1.23) を用いる．このとき軸より 1 つ外側の点 ($r = r_1$) における値を評価するとき $r_0 = 0$ となるため，そのままでは式 (1.23) を用いることができない．その場合は式 (1.23) で $r_0 \to 0$ の極限をとって

$$\frac{1}{r}\frac{d}{dr}\left(r\frac{df}{dr}\right)_{r=r_1} = \frac{-f_2 + f_1}{-r_2^2/4 + r_1^2/4} \tag{1.24}$$

とする．

c. 多項式近似

2 点 $(x_j, f(x_j))$, $(x_{j+1}, f(x_{j+1}))$ が与えられている場合，その 2 点を通る 1 次式は一通りに決まって

$$f = \frac{x - x_{j+1}}{x_j - x_{j+1}}f_j + \frac{x - x_j}{x_{j+1} - x_j}f_{j+1} \tag{1.25}$$

となる．ただし，$f_j = f(x_j)$ などである．この式から 2 点を使った 1 階微分の近似

$$\frac{df}{dx} = \frac{f_{j+1} - f_j}{x_{j+1} - x_j} \tag{1.26}$$

が得られる．さらに，3 点 (x_{j-1}, f_{j-1})，(x_j, f_j)，(x_{j+1}, f_{j+1}) が与えられた場合，その 3 点を通る 2 次式が決定できて，

$$f = \frac{(x-x_j)(x-x_{j+1})}{(x_{j-1}-x_j)(x_{j-1}-x_{j+1})} f_{j-1} + \frac{(x-x_{j-1})(x-x_{j+1})}{(x_j-x_{j-1})(x_j-x_{j+1})} f_j$$
$$+ \frac{(x-x_{j-1})(x-x_j)}{(x_{j+1}-x_{j-1})(x_{j+1}-x_j)} f_{j+1} \tag{1.27}$$

となる．この式から 3 点を使った 2 階微分の近似

$$\frac{d^2 f}{dx^2} = \frac{2 f_{j-1}}{(x_{j-1}-x_j)(x_{j-1}-x_{j+1})} + \frac{2 f_j}{(x_j-x_{j-1})(x_j-x_{j+1})}$$
$$+ \frac{2 f_{j+1}}{(x_{j+1}-x_{j-1})(x_{j+1}-x_j)} \tag{1.28}$$

が得られる．同様にして $n+1$ 点の座標値が与えられた場合に，それらを通る n 次式が決定できて n 階の微係数が決定できる．

偏微分については，たとえば u が 2 変数の関数 $u = u(x, y)$ の場合を考えると，座標値は空間内の 1 点になる．そこで，3 点の座標値 (x_1, y_1, u_1)，(x_2, y_2, u_2)，(x_3, y_3, u_3) が与えられれば，それらを通る平面が次のように決まる．

$$u = ax + by + c$$

ただし，a, b, c は連立 3 元 1 次方程式

$$x_1 a + y_1 b + c = u_1$$
$$x_2 a + y_2 b + c = u_2$$
$$x_3 a + y_3 b + c = u_3$$

の解である．これから，a, b を求めれば

1.1 差分近似式の構成法

$$\frac{\partial u}{\partial x} = a = \frac{\begin{vmatrix} u_1 & y_1 & 1 \\ u_2 & y_2 & 1 \\ u_3 & y_3 & 1 \end{vmatrix}}{\begin{vmatrix} x_1 & y_1 & 1 \\ x_2 & y_2 & 1 \\ x_3 & y_3 & 1 \end{vmatrix}}, \quad \frac{\partial u}{\partial y} = b = \frac{\begin{vmatrix} x_1 & u_1 & 1 \\ x_2 & u_2 & 1 \\ x_3 & u_3 & 1 \end{vmatrix}}{\begin{vmatrix} x_1 & y_1 & 1 \\ x_2 & y_2 & 1 \\ x_3 & y_3 & 1 \end{vmatrix}} \quad (1.29)$$

が得られる.

2階の導関数の値は2次曲面が決定できれば計算できる.この場合,原理的には5点における座標値から2次曲面が決定できる.しかし結果として得られる式は非常に複雑になる.そこで,1階微分を繰り返し使って

$$\frac{\partial^2 u}{\partial x^2} = \frac{\begin{vmatrix} (u_x)_1 & y_1 & 1 \\ (u_x)_2 & y_2 & 1 \\ (u_x)_3 & y_3 & 1 \end{vmatrix}}{\begin{vmatrix} x_1 & y_1 & 1 \\ x_2 & y_2 & 1 \\ x_3 & y_3 & 1 \end{vmatrix}}, \quad \frac{\partial^2 u}{\partial y^2} = \frac{\begin{vmatrix} x_1 & (u_y)_1 & 1 \\ x_2 & (u_y)_2 & 1 \\ x_3 & (u_y)_3 & 1 \end{vmatrix}}{\begin{vmatrix} x_1 & y_1 & 1 \\ x_2 & y_2 & 1 \\ x_3 & y_3 & 1 \end{vmatrix}}$$

(ただし,$(u_x)_1$ は点 (x_1, y_1) での $\partial u/\partial x$ の値で,他も同様) とするか,または局所的な座標変換を行って差分近似するほうが簡単である.詳しくは第3章で述べるが,よく用いられるラプラスの演算子 (ラプラシアン) に対する近似式を記せば次のようになる.

$$\begin{aligned}&\frac{\partial^2 u}{\partial x^2} + \frac{\partial^2 u}{\partial y^2} \\ &= \frac{1}{J^2}(\alpha(u_3 - 2u_0 + u_1) - \frac{\beta}{2}(u_7 - u_6 - u_8 + u_5) + \gamma(u_4 - 2u_0 + u_2)) \\ &\quad + \frac{1}{J^3}\left(-\frac{y_2 - y_4}{2}A + \frac{x_2 - x_4}{2}B\right)\frac{u_1 - u_3}{2} \\ &\quad + \frac{1}{J^3}\left(\frac{y_1 - y_3}{2}A - \frac{x_1 - x_3}{2}B\right)\frac{u_2 - u_4}{2} \end{aligned} \quad (1.30)$$

ただし,

$$J = \frac{(x_1 - x_3)(y_2 - y_4)}{4} - \frac{(y_1 - y_3)(x_2 - x_4)}{4}$$

$$\alpha = \frac{(x_2 - x_4)^2}{4} + \frac{(y_2 - y_4)^2}{4}$$

$$\beta = \frac{(x_1 - x_3)(x_2 - x_4)}{4} + \frac{(y_1 - y_3)(y_2 - y_4)}{4}$$

$$\gamma = \frac{(x_1 - x_3)^2}{4} + \frac{(y_1 - y_3)^2}{4}$$

$$A = \alpha(x_3 - 2x_0 + x_1) - \frac{\beta}{2}(x_7 - x_6 - x_8 + x_5)$$
$$\quad + \gamma(x_4 - 2x_0 + x_2)$$

$$B = \alpha(y_3 - 2y_0 + y_1) - \frac{\beta}{2}(y_7 - y_6 - y_8 + y_5)$$
$$\quad + \gamma(y_4 - 2y_0 + y_2))$$

であり，添字の意味は図 1.2 に示すとおりである．

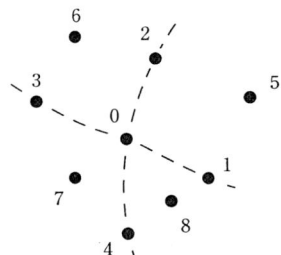

図 1.2 点 0 における 2 階微分の近似

式 (1.29), (1.30) を用いる場合には評価点が格子状に並んでいる必要がないというのがこの方法の利点であるが，上記のように公式の形は複雑になる．

d. 陰的な差分法

みかけ上は少ない格子点を用いて高精度の差分近似式をつくる方法にコンパクト差分法がある．コンパクト差分法の考え方を示すために，本項ではみかけ上は 3 つの格子点を用いた du/dx および d^2u/dx^2 の 4 次精度の近似式の構成法を示すことにする．なお，以下の式では $\Delta x = h$ とおくことにする．

テイラー展開を利用した a. 項の方法を参照すれば

$$f_{i+1} - f_{i-1} = 2h\left(\frac{df}{dx}\right)_i + \frac{1}{3}h^3\left(\frac{d^3f}{dx^3}\right)_i + O(h^5) \qquad (1.31)$$

となる．ここで，右辺第 2 項の 3 階微分を，df/dx の 2 階微分と考えれば

$$\left(\frac{d^3f}{dx^3}\right)_i = \frac{1}{h^2}\left\{\left(\frac{df}{dx}\right)_{i-1} - 2\left(\frac{df}{dx}\right)_i + \left(\frac{df}{dx}\right)_{i+1}\right\} + O(h^2) \qquad (1.32)$$

となる．いま，式をわかりやすくするため

$$\left(\frac{df}{dx}\right)_{i-1} = v_{i-1}, \quad \left(\frac{df}{dx}\right)_i = v_i, \quad \left(\frac{df}{dx}\right)_{i+1} = v_{i+1}$$

などと略記した上で，式 (1.32) を式 (1.31) に代入すれば

$$f_{i+1} - f_{i-1} = 2hv_i + \frac{h}{3}(v_{i-1} - 2v_i + v_{i+1}) + O(h^5)$$

すなわち，

$$\frac{1}{6}(v_{i-1} + 4v_i + v_{i+1}) = \frac{f_{i+1} - f_{i-1}}{2h} \quad (+O(h^4)) \qquad (1.33)$$

という 4 次精度の近似式が得られる．

式 (1.33) は v に対する連立 1 次方程式 (特に各式は 3 項しか含んでいないため 3 項方程式とよばれる) を構成している．後述のとおり 3 項方程式に対してはトーマス (Thomas) 法とよばれる有効な解法が存在するため，式 (1.33) は効率よく解けて各格子点における v_i が数値で求まることになる．

このように近似値を求める式が連立 1 次方程式になっていて，各変数に対して陽的な形で差分式がつくれないような差分近似をコンパクト差分 (または陰的な差分法) とよんでいる．

2 階微分に対する陰的な差分法も 1 階微分と同様に構成できる．まず，テイラー展開の式から

$$f_{i+1} + f_{i-1} = 2f_i + h^2\left(\frac{d^2f}{dx^2}\right)_i + \frac{1}{12}h^4\left(\frac{d^4f}{dx^4}\right)_i + O(h^6) \qquad (1.34)$$

となる．ここで，右辺第 2 項の 4 階微分を d^2f/dx^2 の 2 階微分と考えて

$$\frac{d^4 f}{dx^4} = \frac{1}{h^2}\left\{\left(\frac{d^2 f}{dx^2}\right)_{i-1} - 2\left(\frac{d^2 f}{dx^2}\right)_i + \left(\frac{d^2 f}{dx^2}\right)_{i+1}\right\} + O(h^2) \quad (1.35)$$

と近似する．ここで $w_i = (d^2 f/dx^2)_i$ などと記した上で，式 (1.35) を式 (1.34) に代入すれば

$$f_{i-1} - 2f_i + f_{i+1} = h^2 w_i + \frac{h^2}{12}(w_{i-1} - 2w_i + w_{i+1}) + O(h^6)$$

すなわち

$$\frac{1}{12}(w_{i-1} + 10w_i + w_{i+1}) = \frac{f_{i-1} - 2f_i + f_{i+1}}{h^2} \quad (+O(h^4)) \quad (1.36)$$

という 4 次精度のコンパクト差分が得られる．

1.2 常微分方程式の初期値問題 (その 1)

差分法を用いた微分方程式の解法の最も簡単な例として，1 階常微分方程式の初期値問題

$$\frac{du}{dx} = f(x, u) \quad (1.37)$$
$$u(0) = a$$

を考える．ここで，$f(x, u)$ は形のわかっている関数，a は与えられた数値である．

差分法は微分方程式に現れる導関数を差分で置き換えるという単純な方法である．式 (1.37) の左辺を式 (1.1) ($h = \Delta x$) で近似すると

$$\frac{u(x + \Delta x) - u(x)}{\Delta x} = f(x, u(x))$$

すなわち，

$$u(x + \Delta x) = u(x) + \Delta x f(x, u(x)) \quad (1.38)$$

となる．

式 (1.38) は $u(x)$ の値から $u(x + \Delta x)$ の値を計算する式とみなすことができる．一方，初期条件 (式 (1.37) の第 2 式) から $u(0)$ の値は与えられている．そ

こで，$x=0$ から始めて式 (1.38) を繰り返し用いることにより

$$u(0) \to u(\Delta x) \to u(2\Delta x) \to \cdots$$

の順に Δx 刻みに u の値を決定できる．式 (1.37) を式 (1.38) で近似する方法をオイラー (Euler) 法という．

例として，$f(x,u)=u$，$a=1$ として初期値問題 (1.37) を解いてみよう．式 (1.38) を参照すれば

$$u(x+\Delta x)=u(x)+\Delta x u(x)=(1+\Delta x)u(x)$$

となる．したがって，

$$\begin{aligned} u(\Delta x) &= (1+\Delta x)u(0) = 1+\Delta x \\ u(2\Delta x) &= (1+\Delta x)u(\Delta x) = (1+\Delta x)^2 \\ u(3\Delta x) &= (1+\Delta x)u(2\Delta x) = (1+\Delta x)^3 \\ &\vdots \end{aligned} \tag{1.39}$$

となるため

$$u(n\Delta x) = (1+\Delta x)^n \tag{1.40}$$

であることわかる．特に，$\Delta x=0.1$，$n=10$ とすれば $u(1)=1.1^{10}=2.59\cdots$ となる．この場合，式 (1.40) のように $u(n\Delta x)$ が Δx を含んだ式で表されたため一挙に $u(n\Delta x)$ が求まったが，式 (1.39) を用いて，Δx に具体的な数値を与えて上から順に計算していくこともできる．$f(x,u)$ が複雑な関数である場合には式 (1.40) のような一般式を求めることができないため，このようにして順に数値を求める必要がある．そこで，式 (1.38) や式 (1.39) を数列とみなしてみよう．このことをはっきりとさせるため，差分法では

$$x=n\Delta x=x_n,\ u(x_n)=u_n\ ;\ x+\Delta x=(n+1)\Delta x=x_{n+1},\ u(x_{n+1})=u_{n+1}$$

というような添字を使った表記法を用いる．このとき，式 (1.38) は

$$u_{n+1}=u_n+\Delta x f(x_n,u_n) \tag{1.41}$$

と書ける．関数 f の形は既知であり，x_n, u_n から $f(x_n, u_n)$ が計算できるため，式 (1.41) は数列における漸化式になっている．

例として，
$$\frac{du}{dx} = u + x, \quad u(0) = 1$$
という微分方程式の初期値問題を考えれば，$x_n = n\Delta x$ であるから，漸化式は
$$u_{n+1} = u_n + \Delta x(u_n + n\Delta x) = (1 + \Delta x)u_n + n(\Delta x)^2, \quad u_0 = 1$$
となる．したがって，たとえば $\Delta x = 0.1$ ととれば
$$u_1 = 1.1 \times 1 + 0 \times 0.1^2 = 1.1$$
$$u_2 = 1.1 \times 1.1 + 1 \times 0.1^2 = 1.22$$
$$u_3 = 1.1 \times 1.22 + 2 \times 0.1^2 = 1.362$$
$$\vdots$$
のように，解の近似値が 0.1 刻みに数値で求まる．

次に連立 2 元の常微分方程式の初期値問題
$$\begin{aligned}\frac{du}{dx} &= f(x, u, v) \\ \frac{dv}{dx} &= g(x, u, v) \\ u(0) &= a, \quad v(0) = b\end{aligned} \tag{1.42}$$
を考えてみよう．式 (1.38)，(1.41) を参照すれば，式 (1.42) は
$$\begin{aligned}u_{n+1} &= u_n + \Delta x f(x_n, u_n, v_n) \\ v_{n+1} &= v_n + \Delta x g(x_n, u_n, v_n)\end{aligned} \tag{1.43}$$
と近似できることがわかる．初期条件は $u_0 = a, v_0 = b$ であるから，漸化式 (1.43) はこの初期値を用いて
$$u_0, v_0 \to u_1, v_1 \to u_2, v_2 \to \cdots$$
の順に計算できることになる．

たとえば，

$$\frac{du}{dx} = v$$
$$\frac{dv}{dx} = -2u - v + x$$
$$u(0) = 0, \quad v(0) = 1$$

の場合には

$$u_{n+1} = u_n + v_n \Delta x, \quad v_{n+1} = v_n + (-2u_n - v_n + n\Delta x)\Delta x$$
$$u_0 = 0, \quad v_0 = 1$$

と近似されるため，$\Delta x = 0.1$ とすれば

$$u_1 = 0 + 1 \times 0.1 = 0.1, \quad v_1 = 1 + (-2 \times 0 - 1 + 0 \times 0.1) \times 0.1 = 0.9$$
$$u_2 = 0.1 + 0.9 \times 0.1 = 0.19, \quad v_2 = 0.9 + (-2 \times 0.1 - 0.9 + 2 \times 0.1) \times 0.1 = 0.81$$
$$\vdots$$

となる．

なお，同様に考えれば，上述の方法は連立微分方程式の元数によらずに適用できることがわかる．

次に2階微分方程式の初期値問題

$$\frac{d^2 u}{dx^2} = g\left(x, u, \frac{du}{dx}\right)$$
$$u(0) = a, \quad \frac{du}{dx}(0) = b \tag{1.44}$$

を考えてみよう．実はこの問題は

$$v = \frac{du}{dx}$$

とおくことにより，2元の1階連立微分方程式に書き換えることができる．なぜなら，この置き換えにより式 (1.44) は

$$\frac{du}{dx} = v$$
$$\frac{dv}{dx} = g(x, u, v) \tag{1.45}$$
$$u(0) = a, \quad v(0) = b$$

となるからである.一般に n 階微分方程式の初期値問題は同様の置き換えによって n 元の 1 階微分方程式の初期値問題に変換できる.

例として

$$\frac{d^2 u}{dx^2} = -\frac{du}{dx} - 2u + x$$
$$u(0) = 0, \quad u'(0) = 1$$

を考える.この方程式は $du/dx = v$ とおけば,

$$\frac{du}{dx} = v$$
$$\frac{dv}{dx} = -v - 2u + x$$
$$u(0) = 0, \quad v(0) = 1$$

という 2 元の連立 1 階微分方程式の初期値問題となる.なお,これは上で取り上げた問題と同一である.

別の方法として,2 階微分方程式 (1.44) を直接に差分近似することを考えよう.式 (1.2) から $x = x_n$ において 2 階微分は

$$\frac{d^2 u}{dx^2} = \frac{u_{n+1} - 2u_n + u_{n-1}}{(\Delta x)^2}$$

と近似できるため,式 (1.44) は

$$\frac{u_{n+1} - 2u_n + u_{n-1}}{(\Delta x)^2} = g\left(x_n, u_n, \frac{u_{n+1} - u_{n-1}}{2\Delta x}\right) \tag{1.46}$$

となる.ここで,右辺の 1 階微分の近似に中心差分を用いているが,これは左辺の近似が 2 次精度であるため,右辺の 1 階微分も 2 次精度にしたためである.この式を u_{n+1} について解くと

$$u_{n+1} = F(\Delta x, x_n, u_n, u_{n-1}) \tag{1.47}$$

という形の式が得られるので，u_n と u_{n-1} を与えれば u_{n+1} が計算できる．

次に式 (1.47) の初期条件について考えてみよう．式の形から u_1 を計算するためには，u_0 と u_{-1} が必要になるが，u_0 はもとの条件から a となる．一方，u_{-1} については導関数に関する条件から

$$\frac{u_1 - u_{-1}}{2\Delta x} = b \quad \text{すなわち} \quad u_{-1} = u_1 - 2b\Delta x$$

とする．その上で，式 (1.47) で $n=0$ とおいた式から u_{-1} を消去すればよい．

なお，式 (1.46) で関数 g が複雑な形をしている場合など，式 (1.46) が u_{n+1} について簡単に解けない場合には，右辺の du/dx の近似に後退差分 $(u_n - u_{n-1})/\Delta x$ を用いて

$$u_{n+1} = 2u_n - u_{n-1} + (\Delta x)^2 g\left(x_n, u_n, \frac{u_n - u_{n-1}}{\Delta x}\right)$$

と近似してもよい．このとき，初期条件は $u_0 = a$，$u_{-1} = u_0 - b\Delta x = a - b\Delta x$ となる．

1.3　常微分方程式の初期値問題 (その2)

1階微分方程式の初期値問題 (1.37) は，1.2 節の方法（オイラー法）で解けるが，精度が1次であるため誤差が大きいという欠点がある．本節では精度を上げることを考える．

最も単純には du/dx の近似に精度の高い差分を使う．たとえば精度2の中心差分を用いれば，微分方程式は

$$\frac{u_{n+1} - u_{n-1}}{2\Delta x} = f(x_n, u_n)$$

または

$$u_{n+1} = u_{n-1} + 2\Delta x f(x_n, u_n) \tag{1.48}$$

と近似される．そこで，この式を u_{n+1} を決める漸化式に用いるという方法が考えられる．しかしこの場合，初期において問題が起きる．すなわち，u_1 を計

算するためには u_{-1} が必要になるが,初期条件からは u_{-1} は決まらない.この問題を解決するためには u_1 だけは式 (1.41) で決めて, $n \geq 2$ に対して式 (1.48) を用いるなど工夫が必要になるが,いずれにせよ初期に誤差が大きくなる.そこで別の方法を考えてみよう.

式 (1.37) を区間 $[x_n, x_{n+1}]$ で積分すれば

$$\int_{x_n}^{x_{n+1}} \frac{du}{dx}dx = \int_{x_n}^{x_{n+1}} f(x,u)dx$$

となり,この式の左辺を積分して

$$\int_{x_n}^{x_{n+1}} \frac{du}{dx}dx = u_{n+1} - u_n \tag{1.49}$$

が得られる.一方,右辺は f に未知関数 u が含まれるため解析的には積分できない.そこで数値積分することにする.

2 点 x_n, x_{n+1} での u の値 u_n, u_{n+1} を使う数値積分の公式に台形公式

$$\int_{x_n}^{x_{n+1}} f(x,u)dx = \frac{\Delta x}{2}(f(x_n, u_n) + f(x_{n+1}, u_{n+1})) \tag{1.50}$$

がある ($\Delta x = x_{n+1} - x_n$).式 (1.49) と式 (1.50) を等しいとおけば

$$u_{n+1} = u_n + \frac{\Delta x}{2}(f(x_n, u_n) + f(x_{n+1}, u_{n+1})) \tag{1.51}$$

が得られる.この式の精度は 2 次である.

ところで,式 (1.51) は右辺に未知の u_{n+1} を含むため,漸化式の形にするためには u_{n+1} について解く必要があるが,それは f の形によっては必ずしも容易なことではない.そこで,式 (1.51) の右辺の u_{n+1} を別の方法で求めて,式 (1.51) はその u_{n+1} を修正する式とみなす方法が広く使われている.最も簡単には右辺の u_{n+1} を u^* と書いて, u^* はオイラー法で求める.したがって,この方法は

$$\begin{aligned} u^* &= u_n + \Delta x f(x_n, u_n) \\ u_{n+1} &= u_n + \frac{\Delta x}{2}(f(x_n, u_n) + f(x_{n+1}, u^*)) \end{aligned} \tag{1.52}$$

と書ける.特に上の式を (仮の u を求める) 予測子,下の式を予測値から u_{n+1} を求める修正子とよび,予測子と修正子を組み合わせる方法を予測子・修正子

法とよんでいる．

上の方法は予測子にオイラー法，修正子に台形公式を用いた予測子・修正子法で，2 次のルンゲ・クッタ (Runge-Kutta) 法ともよばれている．もちろん別の選び方をした予測子・修正子法もある．その中で特によく使われる方法に，x_n と x_{n+1} の中間に $x_{n+1/2}$ を選んで，数値積分の公式として後述のシンプソン (Simpson) の公式を用いる方法がある．導き方の詳細は省略して結果だけ書けばこの方法は，次の 4 段階を経て u_{n+1} を計算する．

$$
\begin{aligned}
s_1 &= f(x_n, u_n) \\
s_2 &= f\left(x_n + \frac{\Delta x}{2}, u_n + \frac{s_1 \Delta x}{2}\right) \\
s_3 &= f\left(x_n + \frac{\Delta x}{2}, u_n + \frac{s_2 \Delta x}{2}\right) \\
s_4 &= f(x_n + \Delta x, u_n + s_3 \Delta x) \\
u_{n+1} &= u_n + \frac{1}{6}(s_1 + 2s_2 + 2s_3 + s_4)\Delta x
\end{aligned}
\tag{1.53}
$$

この方法は 4 次のルンゲ・クッタ法とよばれ，4 次の精度をもつ精度の高い方法である．しかも，初期においても特に問題が起きないため初期値問題 (1.37) を解く標準的な方法になっている．なお，比較のためオイラー法および 2 次のルンゲ・クッタ法を式 (1.53) と類似の形式に書くと

$$
\begin{aligned}
s_1 &= f(x_n, u_n) \\
u_{n+1} &= u_n + s_1 \Delta x
\end{aligned}
\tag{1.54}
$$

$$
\begin{aligned}
s_1 &= f(x_n, u_n) \\
s_2 &= f(x_n + \Delta x, u_n + s_1 \Delta x) \\
u_{n+1} &= u_n + \frac{1}{2}(s_1 + s_2)\Delta x
\end{aligned}
\tag{1.55}
$$

となる．これらの各式から，f の計算回数（ふつう f の計算に最も計算時間を必要とする）はオイラー法では 1 回，2 次のルンゲ・クッタ法では 2 回，4 次のルンゲ・クッタ法では 4 回であることがわかる．

なお，オイラー法と同じように，2 次および 4 次のルンゲ・クッタ法は連立

微分方程式や高階微分方程式の初期値問題にそのままの形で適用できる．

[補足] その他の方法

予測子を必要としない方法として，ある関数 $g(x) = f(x, u(x))$ を区間 $[x_n, x_{n+1}]$ で数値積分する場合，(x_{n-1}, g_{n-1}) と (x_n, g_n) を用いて $g(x)$ を

$$g(x) = g_n + \frac{g_n - g_{n-1}}{\Delta x}(x - x_n) \quad \text{ただし} \quad \Delta x = x_n - x_{n-1}$$

と近似して積分する方法がある．$x_{n+1} - x_n = \Delta x$ の場合に，積分を実行すれば，

$$\int_{x_n}^{x_{n+1}} g(x) dx = \frac{\Delta x}{2}(3g_n - g_{n-1})$$

となる．したがって，式 (1.51) に対応して

$$u_{n+1} = u_n + \frac{\Delta x}{2}(3f(x_n, u_n) - f(x_{n-1}, u_{n-1})) \tag{1.56}$$

という近似公式が得られる．この方法は (2 次精度の) アダムス・バッシュフォース (Adams-Bashforth) 法とよばれている．

次に，式 (1.37) を数値積分する場合，区間 $[x_{n-1}, x_{n+1}]$ で積分することを考えよう．このとき式 (1.49) に対応して

$$u_{n+1} - u_{n-1} = \int_{x_{n-1}}^{x_{n+1}} f(x, u) dx \tag{1.57}$$

が得られる．このとき右辺の数値積分をどう評価するかが問題になるが，たとえば積分区間に 3 点 x_{n-1}, x_n, x_{n+1} があることに注目して，シンプソンの公式

$$\int_{x_{n-1}}^{x_{n+1}} f(x, u) dx = \frac{\Delta x}{3}(f(x_{n-1}, u_{n-1}) + 4f(x_n, u_n) + f(x_{n+1}, u_{n+1}))$$

を用いる (ただし $\Delta x = x_{n+1} - x_n = x_n - x_{n-1}$)．このとき式 (1.57) は

$$u_{n+1} = u_{n-1} + \frac{\Delta x}{3}(f(x_{n-1}, u_{n-1}) + 4f(x_n, u_n) + f(x_{n+1}, u_{n+1}))$$

となり，右辺にも未知の u_{n+1} が現れるため一般には予測子を用いる必要があ

る．そのひとつとして中心差分を用いると以下のような公式が得られる．

$$u^* = u_{n-1} + 2\Delta x f(x_n, u_n)$$
$$u_{n+1} = u_{n-1} + \frac{\Delta x}{3}(f(x_{n-1}, u_{n-1}) + 4f(x_n, u_n) + f(x_{n+1}, u^*)) \quad (1.58)$$

なお，これらの方法の欠点は u_{n-1} が現れるため初期 $n=0$ において工夫が必要になることである．

1.4　常微分方程式の境界値問題

常微分方程式には，初期値問題の他に境界値問題とよばれる重要な問題がある．次の2階微分方程式を例にとって説明してみよう．

$$\frac{d^2 u}{dx^2} + u = x \quad (1.59)$$

この微分方程式を解くと2つの任意定数を含んだ一般解が得られるが，解を一通りに決めるためには2つの独立した条件が必要になる．1.2節で述べた初期値問題がその例で，x のある値 (たとえば 0) において u の値と du/dx の値を与えた．しかし，別の与え方も可能である．

いま，たとえば方程式を区間 $[0,1]$ で考えることにして，$x=0$ において u の値を，$x=1$ において du/dx の値を次のように与えることにする．

$$u(0) = 0, \quad \frac{du}{dx}(1) = 2 \quad (1.60)$$

このとき2つの条件を与えたことになるため，解を一通りに決めることができる．このように考えている区間の端 (境界) で条件を課して微分方程式を解く問題を境界値問題，境界における条件を境界条件という．

例によって，微分方程式に現れる導関数を差分を用いて近似してみよう．与えられた区間を N 等分して，1つの小区間 (差分格子) の幅を Δx とする．そして，格子点の座標を左から順に

$$x_0 = 0, \ x_1 = \Delta x, \ \cdots, \ x_n = n\Delta x, \ \cdots, \ x_N = N\Delta x = 1$$

とする (図 1.3 参照)．このとき，式 (1.2) を参照すれば，式 (1.59) は点 $x = x_n$ において

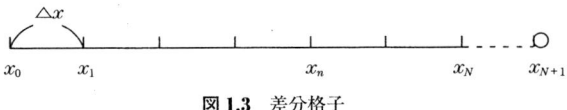

図 1.3 差分格子

$$\frac{u_{n-1} - 2u_n + u_{n+1}}{(\Delta x)^2} + u_n = n\Delta x \tag{1.61}$$

と近似される．ここで点 x_n は領域内の点ならどこでもよいため，式 (1.61) は $n = 1, 2, \cdots, N-1$ において同時に成り立つことに注意する．さらに境界条件は

$$u_0 = 0 \tag{1.62}$$

および

$$\frac{u_{N+1} - u_{N-1}}{2\Delta x} = 2 \quad \text{すなわち} \quad u_{N+1} = u_{N-1} + 4\Delta x \tag{1.63}$$

となる．ただし，$x = 1$ における条件を表現するために領域外に仮想点 x_{N+1} を設けている．この u_{N+1} を，式 (1.61) で $n = N$ とおいた式に使うと

$$\frac{2u_{N-1} - 2u_N + 4\Delta x}{(\Delta x)^2} + u_N = N\Delta x \tag{1.64}$$

となる．式 (1.61) および式 (1.64) は N 個の未知数 u_n ($n = 1, 2, \cdots, N$) に対する連立 N 元 1 次方程式

$$\begin{bmatrix} (\Delta x)^2 - 2 & 1 & 0 & \cdots & 0 \\ 1 & (\Delta x)^2 - 2 & 1 & \cdots & 0 \\ \vdots & \ddots & \ddots & \ddots & \vdots \\ 0 & \cdots & 1 & (\Delta x)^2 - 2 & 1 \\ 0 & \cdots & 0 & 2 & (\Delta x)^2 - 2 \end{bmatrix} \begin{bmatrix} u_1 \\ u_2 \\ \vdots \\ u_{N-1} \\ u_N \end{bmatrix}$$

$$= \begin{bmatrix} (\Delta x)^3 \\ 2(\Delta x)^3 \\ \vdots \\ (N-1)(\Delta x)^3 \\ N(\Delta x)^3 - 4\Delta x \end{bmatrix} \tag{1.65}$$

を構成する．ただし，式 (1.62), (1.63) を用いている．したがって，この連立方程式を解けば境界値問題の近似解が得られることになる．

具体的に区間を 3 等分した場合には，$\Delta x = 1/3$ であるため，式 (1.65) は

$$\begin{bmatrix} -17/9 & 1 & 0 \\ 1 & -17/9 & 1 \\ 0 & 2 & -17/9 \end{bmatrix} \begin{bmatrix} u_1 \\ u_2 \\ u_3 \end{bmatrix} = \begin{bmatrix} 1/27 \\ 2/27 \\ -5/9 \end{bmatrix}$$

となる．そこで，この連立 3 元 1 次方程式を解けば，近似解として

$$u_1 = \frac{1120}{1173} = 0.9548\cdots,\ u_2 = \frac{127}{69} = 1.840\cdots,\ u_3 = \frac{3045}{1173} = 2.595\cdots$$

が求まる．一方，もとの問題の厳密解は

$$u = \frac{\sin x}{\cos 1} + x$$

であり，これから

$$u_1 = u\left(\frac{1}{3}\right) = 0.9389\cdots,\ u_2 = u\left(\frac{2}{3}\right) = 1.811\cdots,\ u_3 = u(1) = 2.577\cdots$$

となり，誤差はせいぜい 1.3% 程度におさまっていることがわかる．

以上のことをまとめれば境界値問題は以下のような手続きで解くことができる．

(1) 解くべき領域を格子に分割する．
(2) 微分方程式の導関数を差分で置き換えて格子点上で成り立つ差分方程式をつくる．
(3) 境界条件を考慮して差分方程式を解く．

初期値問題では漸化式から近似解が求まったのに対して境界値問題では，このように連立方程式が現れる．したがって，境界値問題ではいかに連立方程式

を効率よく解くかという点が重要なポイントになる.

[補足] 3項方程式の解法

上に述べた常微分方程式は2階線形常微分方程式の特殊な場合であるが，一般に2階線形常微分方程式を中心差分で近似すると，3項方程式とよばれる以下の形の連立1次方程式が出てくる.

$$
\begin{aligned}
b_1 x_1 + c_1 x_2 &= d_1 \\
a_2 x_1 + b_2 x_2 + c_2 x_3 &= d_2 \\
a_3 x_2 + b_3 x_3 + c_3 x_4 &= d_3 \\
\ddots \qquad\qquad & \\
a_{M-1} x_{M-2} + b_{M-1} x_{M-1} + c_{M-1} x_M &= d_{M-1} \\
a_M x_{M-1} + \quad b_M x_M &= d_M
\end{aligned}
\tag{1.66}
$$

3項方程式は本書の他の部分にも現れる重要な連立1次方程式であるので，ここで解き方を示しておく．

式 (1.66) の第1式から

$$ x_1 = \frac{d_1 - c_1 x_2}{b_1} = \frac{s_1 - c_1 x_2}{g_1} $$

が得られる．ただし，

$$ g_1 = b_1, \quad s_1 = d_1 $$

とおいた．次に x_1 を第2式に代入して x_2 について解くと

$$ x_2 = \frac{s_2 - c_2 x_3}{g_2} $$

となる．ただし，

$$ g_2 = b_2 - \frac{a_2 c_1}{g_1}, \quad s_2 = d_2 - \frac{a_2 s_1}{g_1} $$

である．同様に x_2 を第3式に代入して x_3 について解くと

$$x_3 = \frac{s_3 - c_3 x_4}{g_3}$$

$$g_3 = b_3 - \frac{a_3 c_2}{g_2}, \quad s_3 = d_3 - \frac{a_3 s_2}{g_2}$$

となる．以上のことから類推できるように，この手続きを続けて x_{i-1} を第 i 式に代入すれば

$$x_i = \frac{s_i - c_i x_{i+1}}{g_i} \tag{1.67}$$

$$g_i = b_i - \frac{a_i c_{i-1}}{g_{i-1}}, \quad s_i = d_i - \frac{a_i s_{i-1}}{g_{i-1}} \tag{1.68}$$

が得られるが，これらの式は $i = 2, 3, \cdots, M$ に対して成り立つ．ただし，$i = M$ のときは c_M がないため式 (1.67) は

$$x_M = \frac{s_M}{g_M}$$

を意味している．すなわち，この段階で x_M が求まる．そして x_M を式 (1.67) において $i = M-1$ とした式に代入することにより，x_{M-1} が求まり，以下同様に式 (1.67) を繰り返し用いることにより

$$x_M \to x_{M-1} \to x_{M-2} \to \cdots \to x_2 \to x_1$$

の順に解が求まる．以上の手続きをまとめれば，3項方程式は以下の手順で解くことができる．

---
(1) $g_1 = b_1$, $s_1 = d_1$ とおく．
(2) 式 (1.68) を用いて，$n = 2, 3, \cdots, M$ の順に g_i, s_i を求めておく．
(3) このとき $x_M = s_M/g_M$ である．
(4) 次に，$i = M-1, M-2, \cdots, 1$ の順に式 (1.67) から x_i を求める．

ここで述べた方法はトーマス法とよばれ3項方程式を解く標準的な方法になっている．

chapter 2 線形偏微分方程式の差分解法

2.1 線形2階微分方程式の性質

線形2階偏微分方程式は2独立変数の場合には，一般に

$$Au_{xx} + Bu_{xy} + Cu_{yy} + Du_x + Eu_y + Fu = G \tag{2.1}$$

という形をしている．ここで係数 $A \sim G$ は x と y の関数（定数を含む）である．この2階微分方程式は $B^2 - 4AC$ の正負によって次の3種類に分類できる．

$$B^2 - 4AC > 0 \quad \text{双曲型}$$
$$B^2 - 4AC = 0 \quad \text{放物型}$$
$$B^2 - 4AC < 0 \quad \text{楕円型}$$

このように分類する意味として，同じ型に属する方程式は数学的な性質も似ていることがあげられる．そして微分方程式の数学的な性質は，数値解法にも反映される．

方程式 (2.1) は変数変換

$$\xi = \xi(x,y), \quad \eta = \eta(x,y) \tag{2.2}$$

を行っても型が不変であり，さらに適当な変換関数を選ぶことによって，標準形とよばれる次の形に変換できることが知られている．

$$u_{\xi\eta} = H_1(\xi,\eta,u,u_\xi,u_\eta) \quad \text{または} \quad u_{\xi\xi} - u_{\eta\eta} = H_2(\xi,\eta,u,u_\xi,u_\eta) \quad \text{双曲型}$$
$$u_{\xi\xi} = H_3(\xi,\eta,u,u_\xi,u_\eta) \quad \text{放物型}$$

$$u_{\xi\xi} + u_{\eta\eta} = H_4(\xi, \eta, u, u_\xi, u_\eta) \qquad \text{楕円型}$$

双曲型方程式の代表に1次元波動方程式

$$\frac{\partial^2 u}{\partial t^2} = c^2 \frac{\partial^2 u}{\partial x^2} \tag{2.3}$$

がある．この方程式は2つの独立変数 t と x をもっており，それぞれ時間と空間座標 (位置) を表す．1次元の方程式とよばれるのは，1次元空間を考えているためである．式 (2.1) と対応させるためには，右辺を左辺に移項し，t を y と考えれば，式 (2.3) は式 (2.1) で $A = -c^2$, $C = 1$, 他の係数は 0 としたものになる．したがって，

$$B^2 - 4AC = 0^2 - 4(-c^2) = 4c^2 > 0$$

であり，双曲型であることがわかる．

放物型方程式の代表には1次元拡散方程式

$$\frac{\partial u}{\partial t} = a^2 \frac{\partial^2 u}{\partial x^2} \tag{2.4}$$

がある．1次元という意味は上の波動方程式の場合と同じである．式 (2.1) と対応させるため，右辺を左辺に移項すれば，式 (2.4) は式 (2.1) において $A = -a^2$, $E = 1$, 他の係数を 0 としたものであるから

$$B^2 - 4AC = 0^2 - 4(-a^2)0 = 0$$

であり放物型になる．

楕円型方程式の代表には2次元ポアソン (Poisson) 方程式

$$\frac{\partial^2 u}{\partial x^2} + \frac{\partial^2 u}{\partial y^2} = q(x, y) \tag{2.5}$$

がある．ここで x と y は空間変数であるため，2次元とよばれている．この方程式は式 (2.1) で $A = 1$, $C = 1$, $G = q$, 他の係数は 0 としたものなので

$$B^2 - 4AC = 0^2 - 4 = -4 < 0$$

となり楕円型になっている．なお，ポアソン方程式で特に右辺を 0 とした方程式はラプラス (Laplace) 方程式とよばれている．

以下，各型の方程式の数学的な性質の中で，数値計算に役立つものをいくつか列挙することにする．

a. 双曲型方程式

1次元波動方程式 (2.3) を例にとる．ただし，$c > 0$ とする．この方程式は

$$\left(\frac{\partial}{\partial t} - c\frac{\partial}{\partial x}\right)\left(\frac{\partial u}{\partial t} + c\frac{\partial u}{\partial x}\right) = 0 \quad \text{または} \quad \left(\frac{\partial}{\partial t} + c\frac{\partial}{\partial x}\right)\left(\frac{\partial u}{\partial t} - c\frac{\partial u}{\partial x}\right) = 0$$

したがって

$$\frac{\partial u}{\partial t} + c\frac{\partial u}{\partial x} = 0 \quad \text{または} \quad \frac{\partial u}{\partial t} - c\frac{\partial u}{\partial x} = 0 \tag{2.6}$$

と書き換えられる．すなわち，波動方程式は2つの1階偏微分方程式に分解することができる．これらの方程式はそれぞれ一般解

$$u = f(x - ct), \quad u = g(x + ct) \tag{2.7}$$

をもつ．ただし，f と g は任意の関数である．このことは，もとの方程式に代入することにより確かめることができる．ここで，第1式は $c > 0$ としたため，x の正の方向に速さ c で伝わる波，第2項は負の方向に速さ c で伝わる波を表す．このことは以下のように考えれば理解できる．たとえば第1式を例にとって，t に順に $0, 1, 2, \cdots$ を代入すれば

$$u(x, 0) = f(x), \quad u(x, 1) = f(x - c), \quad u(x, 2) = f(x - 2c), \cdots$$

となる．これらは図2.1に示すように $f(x)$ を右に $0, c, 2c, \cdots$ 平行移動したものになる．言い換えれば，t が1増えるごとに $f(x)$ は形を変化させずに c だけ右に移動している．これは速さ c で伝わる波にほかならない．式 (2.6) は，このように物理量が形を変化させずに速さ c で伝わる現象を表しているため，(1次元) 移流方程式とよばれている．

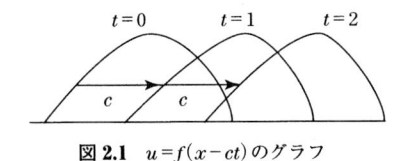

図 2.1 $u = f(x - ct)$ のグラフ

2.1 線形2階微分方程式の性質

もとの波動方程式 (2.3) の一般解は，これら2つの波の重ね合わせ

$$u = f(x - ct) + g(x + ct) \tag{2.8}$$

になる．いま図 2.2 に示すように $x-t$ 面を考えると，$t=0$ のとき x 軸上の点 P を出発した波は $t=T$ において図の AB 上のどこかに到達する．ここで直線 AP, BP は $x-t$ 面でそれぞれが傾き $-1/c, 1/c$ の直線であり，その上で関数値は一定である．このように関数値を変化させない特別な曲線（この場合は直線）を特性曲線とよぶ．時刻 t が 0 から T に増加する間に点 P の影響が及ぶ範囲（影響領域）は図の斜線の部分に限られる．逆に図 2.3 に示すように，$x-t$ 面内の1点 Q は時間を $t=0$ までさかのぼれば図の斜線部分の影響を受けているが，斜線以外の部分の影響は受けていない．

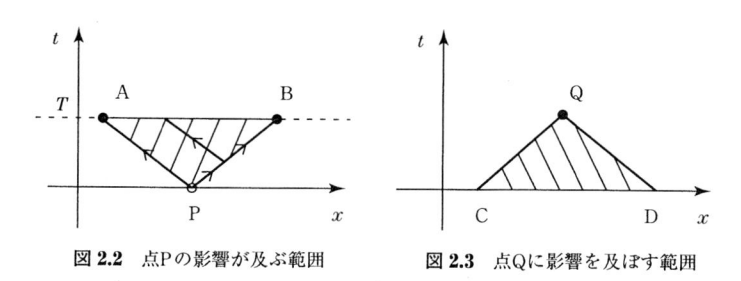

図 2.2 点Pの影響が及ぶ範囲　　図 2.3 点Qに影響を及ぼす範囲

このように解の値に関する情報の伝播速度と方向があらかじめ定まっていること，そして初期値が後の時刻の解の値に影響を及ぼす可能性のある領域や初期値によって解の値が決定される領域が限られるということが，波動方程式のもつ最も重要な性質である．

b. 放物型方程式

1次元拡散方程式 (2.4) を例にとる．この方程式の特解として

$$u(t, x) = g(t) e^{\sqrt{-1}\xi x} \tag{2.9}$$

を仮定してみよう．これは波数 ξ, 振幅 $g(t)$ の波の形をした解を意味する．いろいろな関数はフーリエ (Fourier) 級数に展開できることを思い出せば，与えられた初期条件・境界条件を満足する解は，式 (2.9) の形をした解の重ね合わ

せで表されると考えられる (言い換えれば, 式 (2.9) は実際の解の 1 つのフーリエ成分を表している).

式 (2.9) を式 (2.4) に代入すれば

$$\frac{dg}{dt}e^{\sqrt{-1}\xi x} = -a^2\xi^2 g e^{\sqrt{-1}\xi x}$$

より,

$$g(t) = Ce^{-a^2\xi^2 t} \tag{2.10}$$

となる. このことから拡散方程式の解は時間とともに大きさ (振幅) が指数関数的に小さくなっていく (減衰する) ことがわかる. しかも, 指数部分に着目すれば, 同じ波数の波なら拡散係数とよばれる a^2 が大きいほど, また拡散係数が同じであれば波数 ξ が大きい (波長が短い) ほど, 減衰が大きいこともわかる.

次に 1 次元拡散方程式 (2.4) を無限領域で考え, $u(-\infty, t) = u(\infty, t) = 0$ として, 初期条件

$$u(x, 0) = \delta(x) \tag{2.11}$$

のもとで解を求めると

$$u(x, t) = \frac{1}{2\sqrt{\pi a^2 t}} e^{-x^2/(4a^2 t)} \tag{2.12}$$

が得られる[注1]. この解の形から, $t > 0$ のとき $x > 0$, すなわち初期 ($t = 0$) に 1 点に集中していた物理量は, 任意の $t > 0$ で全空間に広がることがわかる (図 2.4). 言い換えれば, 物理量が拡散する速さは無限大である. また, 波動方程式のように方向性をもたず左右対称に広がっていることもわかる. これらが拡散方程式のもつ重要な性質である.

[補足] 一般の 1 次元拡散方程式

一般の拡散方程式は

$$\frac{\partial u}{\partial t} = (-1)^{n+1} a^2 \frac{\partial^{2n} u}{\partial x^{2n}} \tag{2.13}$$

注 1: $\delta(x)$ はディラックのデルタ関数で, $x = 0$ のとき ∞, それ以外で 0 であり, しかも全区間で定積分すれば 1 になるような関数 (超関数) である. なお, この解はもとの微分方程式をフーリエ変換すれば求まる.

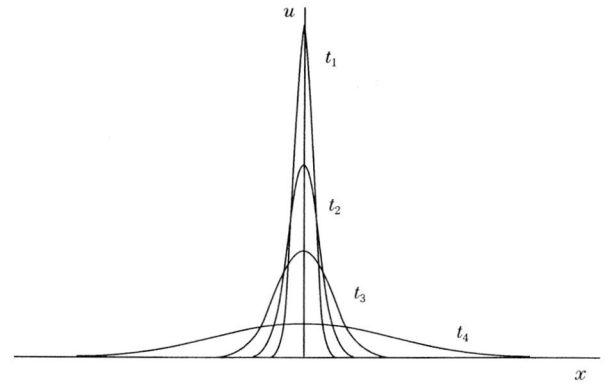

図 2.4 式 (2.12) の時間依存性 ($t_1 < t_2 < t_3 < t_4$)
$$\left(u(x,t) = \frac{1}{2\sqrt{\pi a^2 t}}\, e^{-x^2/(4a^2 t)} \text{のグラフ} \right)$$

という形をしている．$n=1$ がふつうの意味での拡散であるが，$n=0$ や $n \geq 2$ の場合も拡散の一種である．この方程式の特解として式 (2.9) を仮定して $g(t)$ を決めると

$$g(t) = \exp(-\xi^{2n} a^2 t)$$

となるため，n や ξ が大きいほど時間とともに g は急速に小さくなる．すなわち，高階になるほど，また高波数の波であるほど減衰が大きい．

[補足] 4階の拡散項の意味

4階の拡散項を差分で考えると

$$-\frac{d^4 u}{dx^4} \sim -\frac{u_{j-2} - 4u_{j-1} + 6u_j - 4u_{j+1} + u_{j+2}}{(\Delta x)^4}$$

$$= \frac{4}{(\Delta x)^2}\left(\frac{u_{j-1} - 2u_j + u_{j+1}}{(\Delta x)^2} - \frac{u_{j-2} - 2u_j + u_{j+1}}{(2\Delta x)^2} \right)$$

となる．ここで，最終式は幅 Δx の格子と幅 $2\Delta x$ の格子で近似した 2 階拡散項 $d^2 u/dx^2$ の差になっているため，着目点から十分に遠方では (2 階の) 拡散の効果は打ち消し合うことがわかる．すなわち，4 階の拡散の効果は 2 階の拡散に比べて局所的である．

c. 楕円型偏微分方程式

ラプラス方程式の解のことを調和関数とよぶ．調和関数には次の重要な性質がある．

> **(平均の定理**[注2]**)** ある領域 D 内で調和関数 u が与えられたとき，その領域内の 1 点 P における u の値は，D 内にある点 P を中心とする任意の半径 (a とする) の円 (球) の円周 (球面) 上における u の値の算術平均に等しい．すなわち
> $$u_P = \frac{1}{2\pi a} \int_\Gamma u\,ds \quad \text{(2 次元)} \tag{2.14}$$
> $$\left(\text{または}\quad u(x_0, y_0) = \frac{1}{2\pi} \int_0^{2\pi} u(x_0 + a\cos\theta, y_0 + a\sin\theta) d\theta\right)$$
> $$u_P = \frac{1}{4\pi a^2} \iint_S u\,dS \quad \text{(3 次元)}$$
> が成り立つ．

さらに，もし u が領域内のある点で最大値や最小値をとれば，それはまわりの平均ではありえないから，次の重要な定理が成り立つ．

> **(最大・最小の定理)** 調和関数 u は定数でない限り，領域 D 内で最大値も最小値もとらない．すなわち，最大値・最小値は領域の境界でとる．

これらの定理の厳密な証明はそれほど難しくないが，ここでは差分で考えれば簡単に理解できることを示す．

まずラプラスの演算子
$$\nabla^2 u = \frac{\partial^2 u}{\partial x^2} + \frac{\partial^2 u}{\partial y^2}$$

注 2：この定理は円周を円板，球面を球に置き換えても成り立つ．すなわち，
(平均の定理 2) 上の定理が成り立つ仮定のもとで次式が成り立つ．
$$u_P = \frac{1}{\pi a^2} \iint_S u\,dS \quad \text{(2 次元)}$$
$$u_P = \frac{1}{\frac{4}{3}\pi a^3} \iiint_V u\,dV \quad \text{(3 次元)}$$

を図 2.5 に示すような等間隔の格子 (格子幅 Δx, Δy をともに h とする) で差分近似すれば, 式 (1.17) などを考慮して

$$\nabla^2 u \sim \frac{u(x-h,y)-2u(x,y)+u(x+h,y)}{h^2}+\frac{u(x,y-h)-2u(x,y)+u(x,y+h)}{h^2}$$

となる. この式を

$$\nabla^2 u \sim \frac{4}{h^2}\left(\frac{u(x-h,y)+u(x+h,y)+u(x,y-h)+u(x,y+h)}{4}-u(x,y)\right) \tag{2.15}$$

と変形しておく.

ラプラス方程式は, 式 (2.15) の値が 0 であることを意味するため, u に対して

$$u(x,y) = \frac{u(x-h,y)+u(x+h,y)+u(x,y-h)+u(x,y+h)}{4} \tag{2.16}$$

が成り立つ. これは図 2.5 に示すように中央の値がまわりの 4 点の算術平均であることを意味しており, 式 (2.14) を離散的に解釈したものにほかならない.

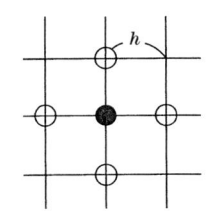

図 2.5 式 (2.16) の意味

最大・最小の定理については以下のように考えればよい. いま, もし $u(x,y)$ が最大であれば

$$u(x,y) > u(x-h,y) \quad u(x,y) > u(x+h,y)$$
$$u(x,y) > u(x,y-h) \quad u(x,y) > u(x,y+h)$$

が成り立つ. これらの 4 つの不等式を足して 4 で割れば

$$u(x,y) > \frac{u(x-h,y)+u(x+h,y)+u(x,y-h)+u(x,y+h)}{4} \tag{2.17}$$

となるが，これは式 (2.16) と矛盾する．このことは，$u(x,y)$ が最大であるという仮定が誤っていたことを意味する．最小についても不等号の向きを逆にすればただちにわかる．

この事実から差分法など近似解法を用いてラプラス方程式を解いたとき，領域内で最大値や最小値をとったとすれば，どこかに誤りがあることがわかる．

式 (2.15) はラプラスの演算子（ラプラシアン）の意味を明確に示している．すなわち，

「ラプラシアンは周囲の平均からのずれを表す演算子である」

ことがわかる（係数部分は格子面積の逆数に比例する量である）．そしてラプラス方程式の解は「ずれ」が 0 であること，すなわち平均値であることを表す．

次にポアソン方程式に関連した性質を述べよう．

関数 u が領域内で

$$u(x_0, y_0) \leq \frac{1}{2\pi} \int_0^{2\pi} u(x_0 + r\cos\theta, y_0 + r\sin\theta) d\theta \qquad (2.18)$$

を満足するとき u を劣調和関数とよぶ．さらに

$$u(x_0, y_0) \geq \frac{1}{2\pi} \int_0^{2\pi} u(x_0 + r\cos\theta, y_0 + r\sin\theta) d\theta \qquad (2.19)$$

を満足するとき u を優調和関数とよぶ．この定義から u が劣調和関数であれば $-u$ は優調和関数であり，u が優調和関数なら $-u$ は劣調和関数である．

式 (2.18) は中心の値が周囲の平均より小さいことを意味しており，離散的には

$$u(x,y) \leq \frac{u(x-h,y) + u(x+h,y) + u(x,y-h) + u(x,y+h)}{4} \qquad (2.20)$$

と書ける．同様に，式 (2.19) は離散的には

$$u(x,y) \geq \frac{u(x-h,y) + u(x+h,y) + u(x,y-h) + u(x,y+h)}{4} \qquad (2.21)$$

と書ける．これらの式は u が劣調和関数ならば u のラプラシアンが正であり，優調和関数であれば u のラプラシアンは負であることを意味している．このことから，ポアソン方程式 (2.5) に対して以下の定理が成り立つことがわかる．

$q(x,y) \geq 0$ ならば u は劣調和関数

$q(x,y) \leq 0$ ならば u は優調和関数

劣調和・優調和関数について以下の性質が成り立つ．

(最大・最小の定理)
「境界も含めて領域内で連続な劣調和関数は最大値を境界上でとる．」
「境界も含めて領域内で連続な優調和関数は最小値を境界上でとる．」

離散的に考えればこれらのことが成り立つことは容易に理解できる．

d. 初期条件・境界条件

実用的な意味で偏微分方程式の解を求める場合，境界上において，ある付帯条件を満足する解を求める必要がある．この付帯条件を一般には境界条件とよぶが，時間変数に対してはある時間における条件を用いて，それ以降の時間での解を求めることになる．このとき，もとの時間での境界条件を特に初期条件とよぶ．

2独立変数の偏微分方程式を考えると，(x,y,u) を3次元座標にとった場合，図 2.6 に示すように，解 $u = f(x,y)$ は空間曲面を表す．このとき境界条件とは，空間内のある指定された曲線 c (初期曲線とよび，閉曲線のこともある) を通って，その曲線の各点で接平面の傾きを指定する条件である．初期曲線 c の x-y 面への正写影を c_0 (初期基礎曲線) とすると，境界条件を課すことは初期基礎曲線上で f, f_x, f_y を与えることになる．ただし接平面を指定するには法

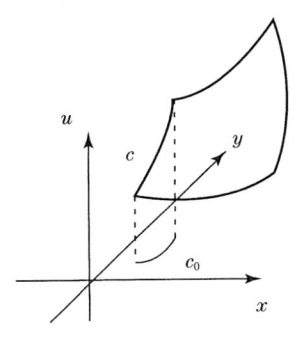

図 2.6 初期曲線と解曲面

線・接線微分を指定してもよく,その中で接線微分は c_0 上の f から決まるので,結局 c_0 上で f および f_n を指定する.これを一般にコーシー (Cauchy) の境界条件 (あるいはコーシーの初期条件) とよぶ.特に c_0 上で f だけを指定するものをディリクレ (Dirichlet) 条件 (第1種境界条件),f_n だけを指定するものをノイマン (Neumann) 条件 (第2種境界条件),また両方が混じったもの,すなわち

$$\alpha f + \beta f_n = \gamma \tag{2.22}$$

の形の境界条件をロバン (Robin) 条件 (第3種境界条件) とよぶ.さらに c_0 上で部分ごとに境界条件が異なる場合を混合境界条件とよぶ.

偏微分方程式では,偏微分方程式の型と境界条件は密接に関係しており,境界条件の与え方によっては,解が存在しなかったり,一意に決まらなかったり,また安定 (解が境界条件に連続的に依存すること) でなかったりする.一意で安定な解が求まる境界値問題を適切な境界値問題とよぶ.表 2.1 に偏微分方程式の型と境界条件との関係を示す.

表2.1

	境界	双曲型	放物型	楕円型
コーシー	開曲線	一意安定	条件過剰	不安定
	閉曲線	条件過剰	条件過剰	条件過剰
ディリクレ	開曲線	条件不足	一意安定	条件不足
ノイマン	閉曲線	一意に決まらない	条件過剰	一意安定

物理的に考えた場合,波動方程式 (移流方程式) や拡散方程式における独立変数 t は時間という意味をもっているため,t は常に増加する方向に変化する.したがって,これらの偏微分方程式を解く場合には,t が最も小さい境界 (通常は $t=0$) から始めて t が増加する方向に方程式を解いていく.そこで,波動方程式 (移流方程式) や拡散方程式は,まとめて時間発展方程式とよばれることがある.そして,時間発展方程式では必然的に最初の時間における境界条件を課す必要がある.この条件を特に初期条件という.時間発展方程式を空間的に限られた領域で考える場合には,領域の境界上で条件 (境界条件) を与えて解く必要がある.ただし,解は初期から始まって境界条件を満たすように決まっ

ていくため，最終的な時間における条件を与えることはできない（無理に与えた場合には解は存在しないことになる）．

以上に述べたように，型の異なる方程式では，境界条件の課し方や解の性質が異なる．このことに対応して，数値解法も異なるため，それぞれの型の方程式に対する数値解法を順に述べることにする．

2.2 拡散方程式の差分解法 (その1)

差分法による時間発展型の偏微分方程式の解法の概略を知るために，1次元の拡散方程式の初期値・境界値問題

$$\frac{\partial u}{\partial t} = \frac{\partial^2 u}{\partial x^2} \quad (t>0,\ 0<x<1) \tag{2.23}$$

$$u(x,0) = f(x) \quad (t>0) \tag{2.24}$$

$$u(0,t) = u(1,t) = 0 \tag{2.25}$$

を例にとることにする．式 (2.24) は初期条件であり，式 (2.23) が時間に関して1階であるためこの条件が必要になる．また式 (2.25) は境界条件で，式 (2.23) が空間に関して2階であるため必要である．

この問題は1次元の拡散現象を表すが，特に熱の拡散（熱伝導）と解釈すると次のような物理的な意味をもっている．すなわち，図 2.7 に示すように長さ1の熱伝導率1の針金があり，熱は針金の中だけを1次元的に伝わるものとする．初期の段階で針金は $f(x)$ で表される温度分布をもっており，また針金の端

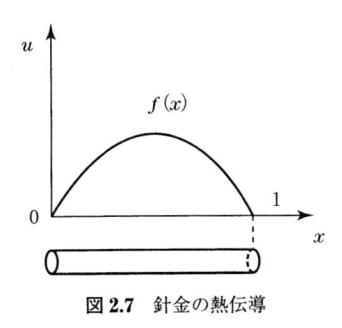

図 2.7 針金の熱伝導

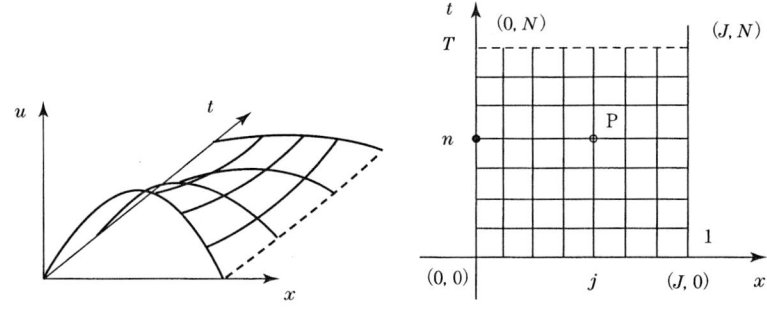

図 2.8　熱伝導方程式の解　　図 2.9　熱伝導方程式に対する差分格子

は常に温度 0 に保たれている．このようなとき，上の問題は任意の時間，任意の点における針金の温度を決める問題になっている．

　熱は針金の両端から一方的に逃げていくため，針金の温度は徐々に下がり，最終的にはすべて 0 になると考えられる．この状況を 3 次元的に図示したものが図 2.8 である．それでは，差分法を用いてこの問題を解いてみよう．図 2.9 は x-t 面（すなわち図 2.8 を上から見た図）を表している．解を求める領域はこの図の幅 1 の半無限領域である．差分法では，この領域内の任意の点における解を求めるのではなく，図に示したように領域を差分格子とよばれる格子状に分割した上で，格子点（格子線の交点）における微分方程式の近似解を求めることになる．

　各格子点を区別するため，2 つの整数の組み (j, n) を用いる．プログラムを組みやすくするため，左下（原点）の格子番号を $(0, 0)$ とし，x 方向に J 個格子があるとして，右下の格子番号を $(J, 0)$ とする．t 方向は無限にのびているが，とりあえず $t = T$ までの領域を考えることにして，そこまでに N 個の格子があるとする．したがって，左上および右上の格子番号は $(0, N)$ と (J, N) になる．

　記号の約束として，格子 (j, n) における座標を (x_j, t_n) として，そこでの偏微分方程式の近似解を 2 つの添字を用いた記号 u_j^n で表すことにする．すなわち，$\sim$ を近似という意味に使ったとき

$$u_j^n \sim u(x_j, t_n) \tag{2.26}$$

であり，下添字は空間変数に対する格子番号，上添字は時間に対する格子番号

を表す.

1.1 節で述べたように,格子間隔は必ずしも等間隔である必要はないが,ここで考えている問題では特に不等間隔にする必要もないため,式が簡単になる等間隔の格子を用いることにする.そして,x 方向の格子幅を Δx, t 方向の格子幅を Δt とする.差分近似の方法はいろいろあるが,ここでは時間微分を前進差分,空間微分を中心差分で近似してみよう[注3].

このとき偏微分方程式 (2.23) は点 (x_j, t_n) において

$$\frac{u(x_j, t_n + \Delta t) - u(x_j, t_n)}{\Delta t} = \frac{u(x_j - \Delta x, t_n) - 2u(x_j, t_n) + u(x_j + \Delta x, t_n)}{(\Delta x)^2}$$

と近似される.

ここで,$t_n + \Delta t = t_{n+1}$ および $x_j \pm \Delta x = x_{j\pm 1}$ であるから,上式の関数値 u を差分近似値で置き換え,式 (2.26) の記号を使えば

$$\frac{u_j^{n+1} - u_j^n}{\Delta t} = \frac{u_{j-1}^n - 2u_j^n + u_{j+1}^n}{(\Delta x)^2} \tag{2.27}$$

となる.この式を u_j^{n+1} について解けば

$$u_j^{n+1} = r u_{j-1}^n + (1 - 2r) u_j^n + r u_{j+1}^n \quad \left(r = \frac{\Delta t}{(\Delta x)^2} \right) \tag{2.28}$$
$$(j = 1, 2, \cdots, J-1;\ n = 1, 2, \cdots N)$$

となる.また,初期条件および境界条件は

$$u_j^0 = f(x_j) \quad (j = 1, \cdots J-1); \quad u_0^n = u_J^n = 0 \quad (n = 0, 1, \cdots, N) \tag{2.29}$$

となる.

式 (2.28) を右辺の値から左辺の値を決める関係式 (漸化式) とみなせば,格子点間の関係は図 2.10 に示すようになる.すなわち,$t = n\Delta t$ における 3 点の値を使って $t = (n+1)\Delta t$ の値が,図に示すような乗数をかけて足し合わせることによって決定できる.そこで,まず初期条件 ($n=0$ の値) から $n=1$ の値が,両端の格子点を除いて図 2.11 のように決まる.一方,両端の値は境界条

注3:時間に関して前進差分を用いた理由は,方程式が時間に対して 1 階微分なので 1 階常微分方程式で用いた最も単純なオイラー法の利用を考えたからである.また,空間について中心差分を用いたのは,精度がよいことと,物理現象 (拡散現象) が方向性をもたないからである.

図 2.10 差分方程式 (2.28) の構造

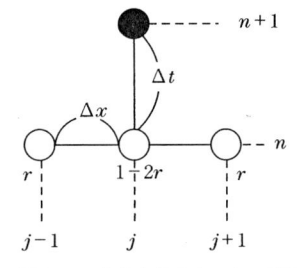

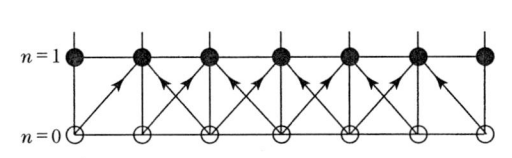

図 2.11 解の時間発展

件で与えられているため決める必要はない．したがって，初期条件と境界条件から $n=1$ のすべての格子点において u の近似値が決まる．同様にして，$n=2$ のすべての格子点における u の近似値が，$n=1$ の格子点における u の値と境界条件から決定できる．以下，順に $n=3,4,\cdots$ の値が決定できる．

初期条件として

$$f(x) = x \qquad (0 \leq x \leq 0.5)$$
$$f(x) = 1-x \quad (0.5 \leq x \leq 1)$$

を選び，$\Delta x = 0.1$，$\Delta t = 0.001$（したがって，$r=0.1$）とした場合の計算結果を表 2.2 に示す．この表からたとえば $u(0.3, 0.1) \sim u_3^{100} = 0.1236\cdots$ となる．一方，もとの問題の厳密解

$$u(x,t) = \frac{4}{\pi^2} \sum_{n=1}^{\infty} \frac{1}{n^2}\left(\sin\frac{n\pi}{2}\right)e^{-n^2\pi^2 t}\sin n\pi x$$

表2.2

	$x=0$	0.1	0.2	0.3	0.4	0.5	0.6
$t=0.000$	0	0.1	0.2	0.3	0.4	0.5	0.4
0.001	0	0.1	0.2	0.3	0.4	0.48	0.4
0.002	0	0.1	0.2	0.3	0.398	0.464	0.398
⋮	⋮	⋮	⋮	⋮	⋮	⋮	⋮
0.01	0	0.0998	0.1984	0.2911	0.3641	0.3934	0.3641
⋮	⋮	⋮	⋮	⋮	⋮	⋮	⋮
0.02	0	0.0969	0.1891	0.2687	0.3243	0.3446	0.3243
⋮	⋮	⋮	⋮	⋮	⋮	⋮	⋮
0.1	0	0.0472	0.0898	0.1236	0.1453	0.1528	0.1453

から計算した場合には $u(0.3, 0.1) = 0.1222\cdots$ である．

同様に $\Delta x = 0.1$, $\Delta t = 0.005$（したがって, $r = 0.5$）とした場合の計算結果と厳密解の比較を $x = 0.3$ で行った結果を表 2.3 に示す．この表から，たとえば $u(0.3, 0.1) \sim u_3^{20} = 0.1242\cdots$ となる．$t = 0.1$ までの計算回数は 1/5 に減っているが，Δt が大きくなったため，近似の精度が落ちていることがわかる．

表2.3

	差分近似	解析解	誤差 (%)
$t = 0.005$	0.3	0.2983	0.57
0.01	0.3	0.2899	3.5
0.02	0.275	0.2667	3.1
0.1	0.1242	0.1222	1.6

さらに $\Delta x = 0.1$, $\Delta t = 0.01$（したがって, $r = 1$）とした場合の計算結果を表 2.4 に示すが，この場合は時間が経つにつれて解の振動が大きくなり，計算値が意味のないものになっている（n を増やすと値が発散して計算が続けられなくなる）．

表2.4

	$x = 0$	0.1	0.2	0.3	0.4	0.5	0.6
$t = 0.00$	0	0.1	0.2	0.3	0.4	0.5	0.4
0.01	0	0.1	0.2	0.3	0.4	0.3	0.4
0.02	0	0.1	0.2	0.3	0.2	0.5	0.2
0.03	0	0.1	0.2	0.1	0.6	-0.1	0.6
0.04	0	0.1	0.0	0.7	-0.6	1.3	-0.6

1.1 節では，微分を近似する差分の取り方はいろいろあることを述べた．そこで，次に式 (2.23) の時間微分を後退差分で置き換えてみよう．このとき

$$\frac{u_j^n - u_j^{n-1}}{\Delta t} = \frac{u_{j-1}^n - 2u_j^n + u_{j+1}^n}{(\Delta x)^2} \tag{2.30}$$

あるいは

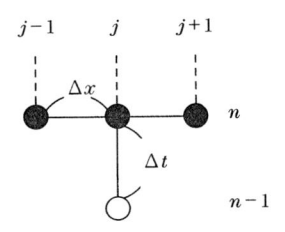

図 2.12 式(2.31)の構造

$$-ru_{j-1}^n + (1+2r)u_j^n - ru_{j+1}^n = u_j^{n-1} \quad \left(r = \frac{\Delta t}{(\Delta x)^2}\right) \quad (2.31)$$

$$(j = 1, 2, \cdots, J-1;\ n = 1, 2, \cdots N)$$

となる．この場合の格子点間の関係を図 2.12 に示すが，前の例と違って，1 つの値から 3 つの値を決めなければならないため，値を決定できないようにみえる．しかし，n を固定した場合，この関係式が $j = 1, \cdots, J-1$ に対して同時に満足される必要があるため，式 (2.31) は連立 $J-1$ 元 1 次方程式になっていることに注意する．すなわち，具体的には

$$\begin{bmatrix} 1+2r & -r & 0 & \cdots & 0 \\ -r & 1+2r & -r & \cdots & 0 \\ \vdots & \ddots & \ddots & \ddots & \vdots \\ 0 & \cdots & -r & 1+2r & -r \\ 0 & \cdots & 0 & -r & 1+2r \end{bmatrix} \begin{bmatrix} u_1^n \\ u_2^n \\ \vdots \\ u_{J-2}^n \\ u_{J-1}^n \end{bmatrix} = \begin{bmatrix} u_1^{n-1} \\ u_2^{n-1} \\ \vdots \\ u_{J-2}^{n-1} \\ u_{J-1}^{n-1} \end{bmatrix} \quad (2.32)$$

となる．ただし，境界条件を用いている．この方程式 (1.4 節で述べた 3 項方程式) を解けば $t = (n-1)\Delta t$ での u の値から $t = n\Delta t$ の値が決定できる．表 2.5 は $\Delta x = 0.1$，$\Delta t = 0.01$（したがって，$r = 0.1$）の場合の $t = 0.1$ での計算結果を示す．式 (2.28) を用いた場合には，このパラメータでは意味のある解が求まらなかったが，式 (2.31) を用いれば（Δt が大きいため精度はよくないが）

表2.5

	$x=0$	0.1	0.2	0.3	0.4	0.5
$t=0.1$	0	0.0474	0.0902	0.1241	0.1459	0.1535
解析解	0	0.0467	0.0888	0.1222	0.1437	0.1511

解が求まっている．

なお，式 (2.28) のように，新しい時間ステップでの近似解が，それまでの時間ステップの近似解を用いて代入計算だけで求まるような方法を陽解法とよぶ．特に式 (2.28) のように時間に関して前進差分で近似する方法をオイラー陽解法というが，この式はまた空間に対しては中心差分を用いて近似しているため，FTCS (forward time center space) 法ともよばれる．また，式 (2.31) のように，新しい時間ステップの近似解を得るのに連立 1 次方程式を解く必要のある方法を陰解法とよぶ．この場合も，特に時間に関して後退差分を用いているが，このような方法をオイラー陰解法とよんでいる．

2.3　拡散方程式の差分解法 (その 2)

前節では，1 次元拡散方程式を例にとって差分法による近似解法の概略を示したが，差分近似式によっては，パラメータ (r) を適当に選ばないと意味のある結果が得られないことも示した．本節ではその理由を考える．

はじめに直感的な理由を考える．式 (2.28) を用いた場合には，図 2.10 に示した差分近似式の構造から，図 2.13 (a) の点 P の値は図の黒丸の点の影響を受ける．したがって，点 P の値は時刻 0 の値としては図の AB の間にある点の情報を用いて計算されることになる．一方，熱伝導方程式の性質から，熱の伝わる速さは無限大なので，実際には時刻 0 におけるすべての格子点の影響を受けているはずである．このように式 (2.28) では，もとの方程式がもつ物理的な性

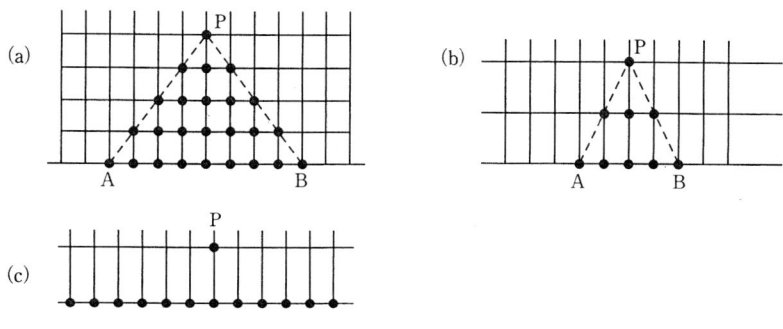

図 2.13　熱伝導方程式の近似に用いる格子点

質がうまく差分式に取り込まれていなかったことになる．それでも計算可能な場合があるのは，式 (2.12) の形より，点 P から離れるに従い遠くの点の影響が指数関数的に小さくなるからである．一方，Δt を大きくとると図 2.13 (b) に示すように区間 AB の長さが短くなり，取り込める情報がさらに少なくなる．そのため，ある限度を越えるとついに計算できなくなると解釈できる．ただし，どの程度まで AB の長さを短くできるかを見積もるためには後で示すような数学的な議論が必要である．

式 (2.31) を用いた場合に計算ができたのは，連立 1 次方程式を解いたためであり，このとき図 2.13 (c) に示すように，前の時間ステップの値がすべて考慮されていたと考えられる．すなわち，熱が伝わる速さが無限大という微分方程式のもつ性質が反映された方法になっている．

次に数学的な議論を行うために偏微分方程式 (2.23) の特解を求めてみよう．そのためによく用いられる方法は解を

$$u(x,t) = g(t)e^{\sqrt{-1}\xi x} \tag{2.33}$$

の形に仮定して，$g(t)$ を求めるという方法である．これは，解がフーリエ級数の形で表現できるとして，その 1 つのフーリエ成分について調べることに対応している．式 (2.33) を式 (2.23) に代入して，共通項で割り算すれば，$g(t)$ に対する常微分方程式

$$\frac{dg}{dt} = -\xi^2 g(t)$$

となり，これを解けば

$$g(t) = Ce^{-\xi^2 t}$$

が得られる．したがって，1 つの特解は

$$u(x,t) = e^{-\xi^2 t}e^{\sqrt{-1}\xi x} \tag{2.34}$$

である．ここで，$t = n\Delta t$，$G = e^{-\xi^2 \Delta t}$，$x = j\Delta x$ とおけば，

$$u(j\Delta x, n\Delta t) = G^n e^{\sqrt{-1}\xi j\Delta x} \tag{2.35}$$

と書ける．

2.3 拡散方程式の差分解法 (その2)

次に差分方程式 (2.28) の特解を求めてみよう．差分方程式は微分方程式の近似としてつくったため，その解として式 (2.35) の形，すなわち

$$u_j^n = G^n e^{\sqrt{-1}\xi j \Delta x} \tag{2.36}$$

を仮定する．微分方程式の場合と同様に，この式をもとの差分方程式に代入して G が決まれば，式 (2.36) の形の解をもつことになる．計算を見通しのよいものにするため，$\theta = \xi \Delta x$ とおいた上で，以下の関係式が成り立つことに注意する．

$$\begin{aligned}
u_{j-1}^n &= G^n e^{\sqrt{-1}\xi(j-1)\Delta x} = G^n e^{\sqrt{-1}\xi j \Delta x} e^{-\sqrt{-1}\xi \Delta x} = u_j^n e^{-\sqrt{-1}\theta} \\
u_{j+1}^n &= G^n e^{\sqrt{-1}\xi(j+1)\Delta x} = G^n e^{\sqrt{-1}\xi j \Delta x} e^{\sqrt{-1}\xi \Delta x} = u_j^n e^{\sqrt{-1}\theta} \\
u_j^{n+1} &= G^{n+1} e^{\sqrt{-1}\xi j \Delta x} = G G^n e^{\sqrt{-1}\xi j \Delta x} = G u_j^n \\
u_j^{n-1} &= G^{n-1} e^{\sqrt{-1}\xi j \Delta x} = \frac{1}{G} G^n e^{\sqrt{-1}\xi j \Delta x} = \frac{1}{G} u_j^n
\end{aligned} \tag{2.37}$$

これらを式 (2.28) に代入すると

$$G u_j^n = r e^{-i\theta} u_j^n + (1-2r) u_j^n + r e^{i\theta} u_j^n \quad (i = \sqrt{-1})$$

したがって，

$$G = 1 - 2r + r(e^{-i\theta} + e^{i\theta}) = 1 - 2r + 2r \cos\theta = 1 - 4r \sin^2 \frac{\theta}{2} \tag{2.38}$$

となる．ただしオイラーの公式 ($e^{i\theta} = \cos\theta + i\sin\theta$) を用いた．このことから，$G$ が r と θ の関数として定まり，これを式 (2.36) に代入したものが差分方程式の特解になる．なお，式 (2.37) の第3式から u は Δt 後に G 倍されるため，G は増幅率または拡大率を表すことがわかる．この場合には G は実数であったが，一般には複素数値をとるため，複素増幅率ともいう．

差分方程式が $n \to \infty$ のとき有限な解を与えるためには，$|u_j^n|$ が任意の n に対して有限である必要がある．これを差分方程式の安定条件という．また，安定条件を満たす差分方程式を安定という．式 (2.35) の形から安定条件は

$$|u_j^n| = |G^n||e^{\sqrt{-1}\xi j \Delta x}| = |G^n| \leq 1 \quad \text{したがって} \quad |G| \leq 1 \tag{2.39}$$

すなわち，増幅率の絶対値が1以下という条件になる．式 (2.38) に対してこの

条件をあてはめれば
$$-1 \leq 1 - 4r\sin^2\frac{\theta}{2} \leq 1$$
であるが，右側の不等式は常に満足されるため，左側だけに注目して
$$r \leq \frac{1}{2\sin^2\theta/2}$$
が得られる．ξ（したがって θ）は任意の値をとるため，最も厳しい条件を選べば
$$r \leq \frac{1}{2}$$
である．実際，式 (2.28) は $r = 0.1$ と $r = 0.5$ のとき解が得られたが $r = 1.0$ のときには意味のある解が得られなかった．

次に式 (2.31) の安定条件を求めてみよう．式 (2.37) を式 (2.31) に代入すれば
$$-re^{-i\theta}u_j^n + (1+2r)u_j^n - re^{i\theta}u_j^n = \frac{1}{G}u_j^n$$
となり，これから増幅率が定まり，
$$G = \frac{1}{1+2r-r(e^{-i\theta}+e^{i\theta})} = \frac{1}{1+2r(1-\cos\theta)} = \frac{1}{1+4r\sin^2\theta/2}$$
となる．したがって，r（定義から正の値）の任意の値に対して差分方程式の増幅率は 1 以下であることがわかる．このような差分方程式を無条件安定という．実際，式 (2.31) は $r = 1$ のときも安定であった．

以上のように，差分方程式のフーリエ成分ごとの特解を式 (2.36) の形に仮定して増幅率を求めて解の安定性を調べる方法を，フォン・ノイマン (von Neumann) の方法という．この方法は線形方程式に適用できる有用な方法であるが，境界条件が課された場合など必ずしも式 (2.36) の形の解をもつとは限らないときには適用できない[注4]．そのような場合には行列の固有値を求める方法がある．

もとの問題の $x = 1$ における境界条件を
$$\frac{\partial u}{\partial x}(1,t) = 0$$

注 4：おおよその見当をつけるだけでよければ，境界条件を無視してもよい．

2.3 拡散方程式の差分解法 (その2)

と変えてみよう.この条件は右端で熱流束が 0 であって熱が伝わらないことを意味し,断熱条件とよばれる.断熱条件を計算に組み込むために領域外に仮想点 x_{J+1} を設け,その点を用いて境界条件を

$$\frac{u_{J+1}^n - u_{J-1}^n}{2\Delta x} = 0$$

というように差分化し,この式と式 (2.28) で $j = J$ とおいた式から仮想点を消去すればよい (別の方法も考えられる).その結果,式 (2.28) は右端で

$$u_J^{n+1} = 2r u_{J-1}^n + (1 - 2r) u_J^n \tag{2.40}$$

となる.したがって,内部の点とは異なる差分方程式になるため,厳密にいえばフォン・ノイマンの方法は使えない.

さて,式 (2.28) および式 (2.40) は行列の形

$$\begin{bmatrix} u_1^{n+1} \\ u_2^{n+1} \\ \vdots \\ u_{J-1}^{n+1} \\ u_J^{n+1} \end{bmatrix} = \begin{bmatrix} 1-2r & r & 0 & \cdots & 0 \\ r & 1-2r & r & \cdots & 0 \\ \vdots & \ddots & \ddots & \ddots & \vdots \\ 0 & \cdots & r & 1-2r & r \\ 0 & \cdots & 0 & 2r & 1-2r \end{bmatrix} \begin{bmatrix} u_1^n \\ u_2^n \\ \vdots \\ u_{J-1}^n \\ u_J^n \end{bmatrix} \tag{2.41}$$

に書き直すことができる.そこで,この式を

$$U^{n+1} = AU^n$$

と書けば

$$U^n = AU^{n-1} = A^2 U^{n-2} = \cdots = A^n U^0$$

となる.$n \to \infty$ のとき U^n が有限にとどまるためには A の '大きさ' が 1 より小さい必要がある.行列の '大きさ' はスペクトル半径 (=絶対値最大の固有値) で測られるため,A のスペクトル半径を見積る必要がある.そのような場合に有用な定理として以下のものがある.

> "A のどの固有値も複素平面上の円 $|\lambda - a_{rr}| = P_r$,$|\lambda - a_{ss}| = Q_s$ の内部または周上にある"

ここで P_r または Q_s はそれぞれ A の対角要素を 0 とおき，他の要素をその絶対値で置き換えた行列の行和また列和である．特に (2.41) の行列にこの定理をあてはめれば

$$|\lambda - (1-2r)| \leq r, \quad |\lambda - (1-2r)| \leq 2r$$

となり，これらの不等式の最も厳しい条件から安定条件として $r \leq 1/2$ が得られる．

差分法において格子幅を無条件に 0 に近づけた場合に，もとの微分方程式の解に近づくことは必ずしも保証されない．実際，たとえば拡散方程式 (2.23) を FTCS 法 (式 (2.27)) で近似した場合に，意味のある解が得られるためには Δt と Δx の間にある関係 (具体的には $\Delta t/(\Delta x)^2 \leq 1/2$) が必要であった．この点に関して，線形偏微分方程式に対して次の定理が知られている (ラックス (Lax) の同等定理)．

"線形偏微分方程式

$$\frac{\partial u}{\partial t} = Lu \tag{2.42}$$

の適切な初期値問題[注5]が与えられたとする．これを近似する差分スキーム

$$u^{n+1} = S(h(\Delta t), \Delta t)u^n \tag{2.43}$$

が，もとの微分方程式に適合 (consistent) して安定 (stable) であれば，$\Delta t \to 0$ の極限で差分方程式の解は微分方程式の解に収束する"

ここで差分スキームとは，差分方程式において Δt と Δx を任意に変化させずに Δt と Δx の間に関数関係 $\Delta x = h(\Delta t)$ を指定したものをいう．また，陰解法など (2.43) の形に書き直しにくい場合には，連立方程式などを解いて形式的にこの形にしたものと解釈する．そして，適合するとは

$$u(x, t+\Delta t) - S(h(\Delta t), \Delta t)u(x, t) = o(\Delta t) \tag{2.44}$$

が成り立つことをいう．この場合，たとえば 1.1 節で述べた方法で差分スキー

注5：任意の初期値に対して解が一意に決まり，かつ解が初期値に連続的に依存するような問題．

ムを構成すれば，適合性は常に満足させることができる．さらに，安定であるとは，差分演算子 S の大きさ $\|S\|$ が

$$\|S\|^n < C \quad (0 \leq n\Delta t \leq T \text{ を満足するすべての } n, \Delta t \text{ に対して})$$

を満たすことをいう．

上記のように，ふつうに差分近似する限り適合性は満足されるため，ラックスの同等定理は，「安定な差分スキームを用いて計算すれば意味のある解が得られる」ということを保証する定理になっている．

2.4 拡散方程式の差分解法 (その3)

オイラー陽解法とオイラー陰解法の重み付き平均

$$\frac{u_j^{n+1}-u_j^n}{\Delta t}=(1-\alpha)\frac{u_{j-1}^n-2u_j^n+u_{j+1}^n}{(\Delta x)^2}+\alpha\frac{u_{j-1}^{n+1}-2u_j^{n+1}+u_{j+1}^{n+1}}{(\Delta x)^2} \quad (2.45)$$

を考える $(0 \leq \alpha \leq 1)$．$\alpha=0$ のときは陽解法であるが $\alpha \neq 0$ のときは連立1次方程式を解く必要があるため陰解法となる．この方法は $1/2 \leq \alpha \leq 1$ のとき無条件安定であるが，特に $\alpha=1/2$ のときクランク・ニコルソン (Crank-Nicolson) 法とよばれる．クランク・ニコルソン法は $\partial u/\partial t$ を半格子ずれた点 $t+\Delta t/2$ において近似した式とみなせるため時間精度が2次になり，しばしば用いられる．

2次元や3次元の拡散方程式

$$\frac{\partial u}{\partial t}=a^2\left(\frac{\partial^2 u}{\partial x^2}+\frac{\partial^2 u}{\partial y^2}\right), \quad \frac{\partial u}{\partial t}=a^2\left(\frac{\partial^2 u}{\partial x^2}+\frac{\partial^2 u}{\partial y^2}+\frac{\partial^2 u}{\partial z^2}\right) \quad (2.46)$$

に対しても FTCS 法，オイラー陰解法，クランク・ニコルソン法などが考えられる．

ところで，陰解法の場合に，最終的に得られる連立1次方程式を行列形式 $A\boldsymbol{x}=\boldsymbol{b}$ と書いたとき，係数行列は1次元の場合は3重対角行列であった．しかし，2次元と3次元の場合には3重対角の位置およびそれと平行な2ないし4本の線上の位置に付加的な非ゼロ要素をもつ行列となる．3重対角行列の場合には前述のとおりトーマス法とよばれる効率的な解法があるが，2次元およ

び3次元の場合の行列に対しては簡単な方法はない．そこで式 (2.46) を解くとき，たとえば2次元の場合に次の2段階の計算を行う方法がある．

$$\frac{u_{j,k}^{n+\frac{1}{2}}-u_{j,k}^{n}}{(\Delta t/2)}=a^2\left(\frac{u_{j-1,k}^{n+\frac{1}{2}}-2u_{j,k}^{n+\frac{1}{2}}+u_{j+1,k}^{n+\frac{1}{2}}}{(\Delta x)^2}+\frac{u_{j,k-1}^{n}-2u_{j,k}^{n}+u_{j,k+1}^{n}}{(\Delta y)^2}\right)$$

$$\frac{u_{j,k}^{n+1}-u_{j,k}^{n+\frac{1}{2}}}{(\Delta t/2)}=a^2\left(\frac{u_{j-1,k}^{n+\frac{1}{2}}-2u_{j,k}^{n+\frac{1}{2}}+u_{j+1,k}^{n+\frac{1}{2}}}{(\Delta x)^2}+\frac{u_{j,k-1}^{n+1}-2u_{j,k}^{n+1}+u_{j,k+1}^{n+1}}{(\Delta y)^2}\right)$$
(2.47)

すなわち，第一段階では x 方向だけに陰解法を用い，第二段階では y 方向だけに陰解法を用いる．この方法は ADI 法 (Alternating Direction Implicit = 交互方向陰解法) とよばれており，2次元の拡散方程式に適用した場合，無条件安定である．しかも各段階では3重対角行列を解けばよく，効率的な計算ができる．なお，3次元の場合にも，計算を x,y,z 方向の各方向に3段階に分けて行えばよいが，無条件安定ではない．

2.5 移流方程式の差分解法 (その1)

本節では1次元の線形移流方程式

$$\frac{\partial u}{\partial t}+c\frac{\partial u}{\partial x}=0 \tag{2.48}$$

を，初期条件

$$u(x,0)=f(x) \tag{2.49}$$

のもとで差分法を用いて解くことを考える．ここで，c は定数で特に断らない限り正数とする．また $f(x)$ は与えられた関数である．この問題 (初期値問題) は差分法など数値解法を用いるまでもなく，厳密解

$$u(x,t)=f(x-ct) \tag{2.50}$$

をもつことは簡単に確かめられる．したがって，この問題に限っていえばわざわざ差分法で解くことはないが，ここではいろいろな差分解法を比較検討するためにこのような厳密解の知られている問題を考えることにする．現実に現れ

る問題は単純な問題ではないが，そういった問題を取り扱う場合には，少なくとも，ここで扱う問題が十分な精度で解けるような方法を用いる必要がある（実は式 (2.48) を精度よく数値的に解くことはかなり困難である）．

式 (2.48) の差分近似として，まず時間に関しては前進差分，空間に関しては後退差分を用いてみよう．空間に後退差分を用いた理由は，取り扱う現象が方向性をもつためである．すなわち，式 (2.50) は速さ $c > 0$ で x の正方向（右方向）に伝わる波であるため，u は着目点 $x = x_j$ より左の影響を受けると考えられる．このとき，式 (2.48) は

$$\frac{u_j^{n+1} - u_j^n}{\Delta t} + c\frac{u_j^n - u_{j-1}^n}{\Delta x} = 0$$

または，

$$u_j^{n+1} = (1-r)u_j^n + ru_{j-1}^n \tag{2.51}$$

となる．ここで，

$$r = \frac{c\Delta t}{\Delta x} \tag{2.52}$$

は移流方程式を解くときに現れる重要なパラメータでクーラン (Courant) 数とよばれる．式 (2.51) の構造を図 2.14 に示す．

例として，図 2.15 に示す初期条件のもとで式 (2.51) を用いて計算した結果を

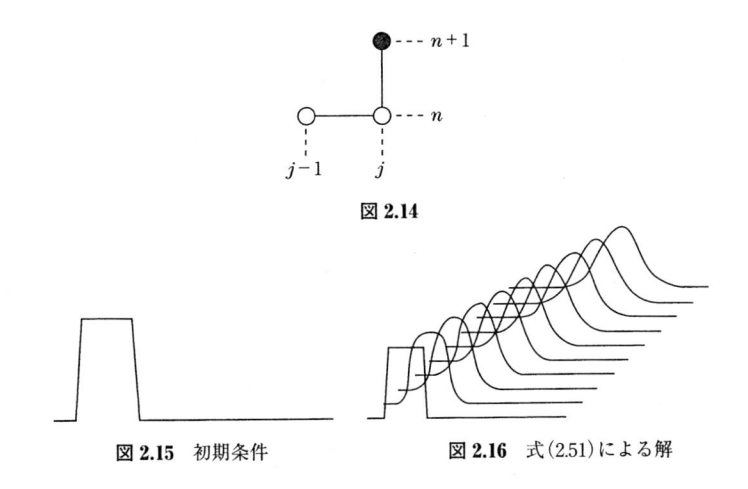

図 2.14

図 2.15 初期条件

図 2.16 式(2.51)による解

図 2.16 に示す.ただし,$c=1$ で x 方向と t 方向の格子幅を $\Delta x = 0.1$, $\Delta t = 0.02$ としている.したがって,式 (2.50) において $r = 0.2$ となる.図から初期の関数が右に伝わり,移流現象が近似できていることがわかる.しかし,厳密解では波形が変化せずに伝わるにもかかわらず,近似解では時間が経過するにつれて波形が低くなり,また広がっていることもわかる.

それでは,上の方法のかわりに,空間精度を上げるため空間微分を中心差分で近似するとどうなるかを調べてみよう.近似式はこの場合,

$$\frac{u_j^{n+1} - u_j^n}{\Delta t} + c\frac{u_{j+1}^n - u_{j-1}^n}{2\Delta x} = 0$$

または

$$u_j^{n+1} = u_j^n - \frac{r}{2}(u_{j+1}^n - u_{j-1}^n) \tag{2.53}$$

となる.ここで r は式 (2.52) で定義したクーラン数である.上と同じく,$c = 1$, $\Delta x = 0.1$, $\Delta t = 0.02$, したがって $r = 0.2$ として計算した結果を図 2.17 に示す.この場合には,精度がよくなるどころか少し時間が経つと解は振動し始めて,最終的には発散する.したがって,この方法では計算できないことになる.

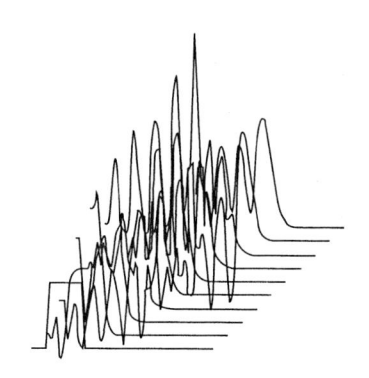

図 2.17 式 (2.53) による解

この現象はフォン・ノイマンの方法を用いて増幅率を計算すれば明らかになる.いま,式 (2.53) の特解として式 (2.36) を仮定して式 (2.53) に代入すれば

2.5 移流方程式の差分解法 (その1)

$$Gu_j^n = u_j^n + \frac{r}{2}(e^{i\xi\Delta x} - e^{-i\xi\Delta x})u_j^n$$

すなわち

$$G = 1 + ir\sin\xi\Delta x$$

となる．ただし，オイラーの公式を用いた．したがって，差分方程式 (2.53) の増幅率は

$$|G| = \sqrt{1 + r^2\sin^2\xi\Delta x}$$

となるが，これは常に 1 より大きくなるため絶対不安定である[注6]．

一方，式 (2.51) を用いた場合には，増幅率は

$$G = (1-r) + re^{-i\xi\Delta x} \tag{2.54}$$

となる．この場合には絶対値は

$$|G|^2 = (1-r)^2 + 2r(1-r)\cos\xi\Delta x + r^2\cos^2\xi\Delta x + r^2\sin^2\xi\Delta x$$
$$= 1 + 2r(r-1)(1-\cos\xi\Delta x)$$

を満たす．$|G| \leq 1$，すなわち $|G|^2 \leq 1$ であるためには

$$2r(r-1)(1-\cos\xi\Delta x) \leq 0$$

となる必要があるが，$r > 0$ で $\cos\xi\Delta x \leq 1$ であるから

$$r \leq 1$$

であればよいことになる．言い換えれば，式 (2.51) はクーラン数が 1 以下で使える方法である．

式 (2.51) を用いた場合，$r \leq 1$ が必要であることは増幅率を計算するまでもなく以下の議論からも明らかである．図 2.18 には $c = 1$ とおいて，$r < 1$ と $r > 1$ の場合の格子図を示している．各図で白丸は点 P での値を計算するために用いる格子点を示している．さらに実線は点 P を通る特性曲線である．移流方程

注6：厳密には Δt を $|G| < 1 + K\Delta t$ (K：定数) を満たすようにすれば計算可能であるが，これは Δt を $(\Delta x)^2$ と同程度にとることを意味する．したがって，Δt が Δx と同程度にとれる方法に比べてきわめて能率が悪い．

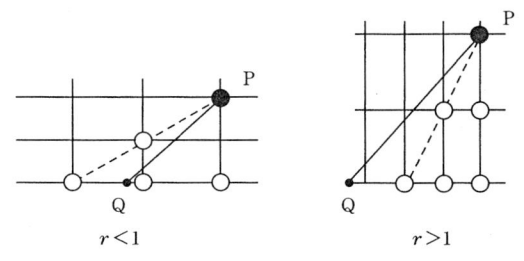

図 2.18 点Pに影響を及ぼす点と特性曲線の関係

式の厳密解から点 P の値は点 Q の値と同じであることがわかる．図から明らかなように $r<1$ の場合には，点 Q は計算に用いる格子点の間にあり，点 Q の影響が点 P に取り込まれている．一方，$r>1$ の場合には，点 Q は用いる格子点の外にあり，その影響は点 P に及んでいないことがわかる．すなわち，$r>1$ では移流方程式の物理的な性質が反映されない．

別の見方もできる．移流方程式を近似する場合に，空間微分に後退差分を用いた方法は

$$\frac{u(x,t+\Delta t)-u(x,t)}{\Delta t}+c\frac{u(x+\Delta x,t)-u(x-\Delta x,t)}{2\Delta x}$$
$$=\frac{c\Delta x}{2}\frac{u(x+\Delta x,t)-2u(x,t)+u(x-\Delta x,t)}{(\Delta x)^2}$$

と書き換えることができる．右辺は $(c^2\Delta t/2r)(\partial^2 u/\partial x^2)$ の近似であり，これは物理的に拡散を表す．そして r が小さいほど拡散が大きいことがわかる．左辺の第 2 項は空間微分を中心差分で近似したもので，右辺がない場合には振動を起こしながら解の絶対値が大きくなる．一方，拡散項には振動が大きくなればなるほど拡散が大きくなって振動を押さえる方向に解を変化させる働きがある．r が大きい場合には押さえ方が不十分で最終的に解は発散するが，ある値以下であれば振動が押さえられて解が得られる．ただし，その閾値 (いまの場合は 1) を求めるためには別の方法を用いる必要がある．

2.6 移流方程式の差分解法 (その2)

本節では移流方程式を解くときよく用いられる方法を 2, 3 紹介する．

a. ラックス・ベンドロフ法

関数 $u(x,t)$ を t に関してテイラー展開すると

$$u(x, t+\Delta t) = u(x,t) + \Delta t \frac{\partial u}{\partial t} + \frac{(\Delta t)^2}{2}\frac{\partial^2 u}{\partial t^2} + O((\Delta t)^3)$$

となる．この式に，移流方程式

$$\frac{\partial u}{\partial t} = -c\frac{\partial u}{\partial x}$$

およびそれを t で微分して得られる関係式

$$\frac{\partial^2 u}{\partial t^2} = -c\frac{\partial^2 u}{\partial x \partial t} = -c\frac{\partial}{\partial x}\left(-c\frac{\partial u}{\partial x}\right) = c^2\frac{\partial^2 u}{\partial x^2}$$

を代入して，空間微分を中心差分で置き換えると

$$\begin{aligned}u(x,t+\Delta t) &= u(x,t) - c\Delta t\frac{\partial u}{\partial x} + \frac{c^2(\Delta t)^2}{2}\frac{\partial^2 u}{\partial x^2}\\ &= u(x,t) - \frac{c\Delta t}{2\Delta x}\{u(x+\Delta x,t) - u(x-\Delta x,t)\}\\ &\quad + \frac{c^2(\Delta t)^2}{2(\Delta x)^2}\{u(x+\Delta x,t) - 2u(x,t) + u(x-\Delta x,t)\}\end{aligned}$$

となる．したがって，差分近似式として

$$u_j^{n+1} = u_j^n - \frac{c\Delta t}{2\Delta x}(u_{j+1}^n - u_{j-1}^n) + \frac{c^2(\Delta t)^2}{2(\Delta x)^2}(u_{j+1}^n - 2u_j^n + u_{j-1}^n) \quad (2.55)$$

が得られる．この方法はラックス・ベンドロフ (Lax-Wendroff) 法とよばれる．増幅率 G の絶対値が 1 以下の条件を求めると $r = c\Delta t/\Delta x \leq 1$ となる．すなわち，この方法はクーラン数が 1 以下のとき使える方法である．この方法は導き方からわかるように，前節の方法より時間および空間精度がよい (2 次).

図 2.19 に前節と同じ問題を同じパラメータで解いた結果を示す．

b. マコーマック法

ラックス・ベンドロフ法は次のように 2 段階に書き換えることができる．

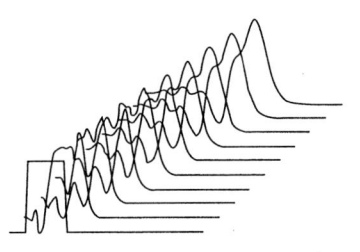

図 2.19 ラックス・ベンドロフ法

$$\bar{u}_j^n = u_j^n - c\frac{\Delta t}{\Delta x}(u_{j+1}^n - u_j^n)$$
$$u_j^{n+1} = \frac{1}{2}\left\{(u_j^n + \bar{u}_j^n) - c\frac{\Delta t}{\Delta x}(\bar{u}_j^n - \bar{u}_{j-1}^n)\right\} \tag{2.56}$$

この方法は，第 1 段階 (予測段階) において，移流方程式を空間について前進差分で近似している．そして，第 2 段階 (修正段階) の意味は，式 (2.56) を

$$u_j^* = \bar{u}_j^n - c\frac{\Delta t}{\Delta x}(\bar{u}_j^n - \bar{u}_{j-1}^n)$$
$$u_j^{n+1} = \frac{1}{2}(u_j^n + u_j^*) \tag{2.57}$$

と分けて書くと明らかになる．すなわち，第 1 段階で得られた $\bar{u}$ を，移流方程式を空間に対して後退差分で近似した式に代入して u^* を求め，最終結果としてもとの u と u^* の平均をとっている．このように解釈した場合，式 (2.56) をマコーマック (MacCormack) 法という．マコーマック法は非線形の方程式にも容易に拡張できる (非線形の場合には一般にラックス・ベンドロフ法とは一致しない)．式 (2.57) のかわりに予測段階で後退差分，修正段階で前進差分を用いた方法

$$\bar{u}_j^n = u_j^n - c\frac{\Delta t}{\Delta x}(u_j^n - u_{j-1}^n)$$
$$u_j^{n+1} = \frac{1}{2}\left\{(u_j^n + \bar{u}_j^n) - c\frac{\Delta t}{\Delta x}(\bar{u}_{j+1}^n - \bar{u}_j^n)\right\} \tag{2.58}$$

も考えられる．これもマコーマック法とよばれる．ここで考えた線形の移流方程式はどちらの方法もまったく同等であるが，非線形の方程式では多少差を生じることがある．そのような場合には 2 つの方法を交互に用いることにより，

c. 陰解法

移流方程式の時間微分に後退差分を用いてみよう．空間微分に対しては，たとえば中心差分を用いる．このとき，近似式は

$$\frac{u_j^n - u_j^{n-1}}{\Delta t} + c\frac{u_{j+1}^n - u_{j-1}^n}{2\Delta x} = 0$$

または

$$\frac{r}{2}u_{j+1}^n + u_j^n - \frac{r}{2}u_{j-1}^n = u_j^{n-1} \tag{2.59}$$

となる．ただし，rはクーラン数である．この方法は左辺に決めるべき未知数が3つあるため，式(2.59)単独では解は求まらない．しかし，式(2.59)が各格子点で成り立つことに注意すれば，それらの式を連立させて解くことが可能である．

増幅率を計算するため，式(2.36)を代入する．このとき

$$\frac{r}{2}e^{i\xi\Delta x}u_j^n + u_j^n - \frac{r}{2}e^{-i\xi\Delta x}u_j^n = \frac{1}{G}u_j^n$$

となるから，増幅率として

$$G = \frac{1}{1 + i\sin\xi\Delta x}$$

が得られる．したがって，

$$|G| = \frac{1}{\sqrt{1 + \sin^2\xi\Delta x}} \leq 1$$

となるため絶対安定であり，rの値いかんにかかわらず計算可能である．

同じ移流方程式で，時間および空間に関する微分を後退差分で近似すると

$$\frac{u_j^n - u_j^{n-1}}{\Delta t} + c\frac{u_j^n - u_{j-1}^n}{\Delta x} = 0$$

または

$$(1+r)u_j^n = ru_{j-1}^n + u_j^{n-1} \tag{2.60}$$

となる．この方程式は見かけは陰解法であるが，左側の境界値がわかれば代入計算だけで計算できるため，陽解法とみなすこともできる．しかも増幅率を計算すると

$$G = \frac{1}{1 + r - re^{-i\xi\Delta x}} = \frac{1}{(1 + r - r\cos\xi\Delta x) + ir\sin\xi\Delta x}$$

となるため

$$|G| = \frac{1}{\sqrt{1 + 2r(1 + r)(1 - \cos\xi\Delta x)}} \leq 1$$

である．したがって，$r > 0$ の値によらず発散しない解を与える．

[補足] 位相誤差

いままでの議論では複素増幅率の絶対値だけに注目してきたが，一般に増幅率は複素数であるため偏角（位相）に対する情報も含んでいる．差分解法が精度のよいものであるためには，偏微分方程式による増幅率と差分方程式の増幅率が位相まで含めて近い必要がある．

移流方程式 (2.48) の

$$u(x, t) = g(t)e^{\sqrt{-1}\xi x}$$

の形の特解は，この式を式 (2.48) に代入して $g(t)$ を決めることにより求まり

$$u(x, t) = e^{\sqrt{-1}\xi(x - ct)} \tag{2.61}$$

となる．したがって，この厳密解を用いて Δt 間の増幅率 g_e を計算すると

$$g_e = \frac{u(x, t + \Delta t)}{u(x, t)} = \exp(-\sqrt{-1}\xi c\Delta t) = \exp(-\sqrt{-1}r\xi\Delta x) = e^{-\sqrt{-1}r\theta}$$

となる $(\theta = \xi\Delta x)$．ここで，厳密解の増幅率の絶対値 $|g_e|$ と偏角 $arg(g_e)$ は

$$|g_e| = 1, \quad arg(g_e) = -r\theta \tag{2.62}$$

となる．

次に前節の初めに述べた空間微分に後退差分を用いる方法（1次精度上流差分法）の増幅率を g_B と書くことにすれば，式 (2.54) より

$$|g_B| = \sqrt{(1-r+r\cos\theta)^2 + (r\sin\theta)^2}$$
$$arg(g_B) = -\tan^{-1}\frac{r\sin\theta}{1-r+r\cos\theta} \tag{2.63}$$

となる．式 (2.62) と式 (2.63) を比べる場合には絶対値および偏角の比をとればよいが，これらはクーラン数および $\theta = \xi\Delta x$ の関数である．図 2.20 は r の値を固定して，θ の関数としてこれらの比を表示したものである．したがって，この図では点が単位円上にあれば $0 \leq \theta \leq \pi$ を満たすすべての θ に対して厳密解と一致していることになる．図から $r = 1$ のときには絶対値も偏角も厳密解と一致することがわかる．さらに絶対値に関しては $r < 1$ ならば，特に θ が大きいほど比が小さくなり，減衰が大きいことがわかる．位相に関しては $r = 0.75$ では単位円の外側にあるため厳密解に比べ位相が進み，$r = 0.5$ では一致し，$r = 0.25$ では単位円の内側にあるため位相が遅れることがわかる．

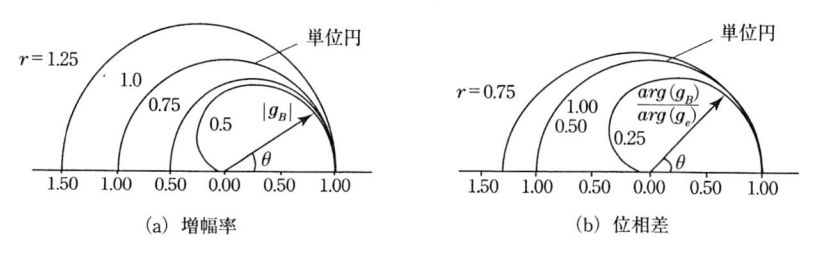

図 2.20 1次精度上流差分法の誤差

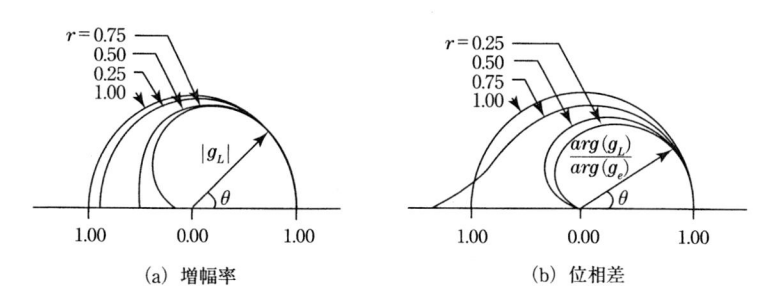

図 2.21 ラックス・ベンドロフ法の誤差

同様のことをラックス・ベンドロフ法に対して行い，その場合の増幅率を g_L と書けば

$$|g_L| = \sqrt{(1 - r^2(1 - \cos\theta))^2 + (r\sin\theta)^2}$$
$$arg(g_L) = -\tan^{-1}\frac{r\sin\theta}{1 - r^2(1 - \cos\theta)} \quad (2.64)$$

となる．そして，この関係をもとに図 2.20 に対応する図を描いたものが図 2.21 である．この場合も $r=1$ ならば絶対値と偏角の両方が厳密解と一致している．また $r<1$ ならば，1次精度上流差分に比べて単位円に近く，したがって減衰の小さな方法であるといえる．一方，位相については位相遅れが目立つ方法である．

一般に高波数成分に対して絶対値の減衰が大きく位相差の少ない方法を使うと（それらの重ね合わせである）実際の解には細かい振動は目立たなくなる反面，拡散の影響を大きく受けてなだらかな解になる．一方，減衰が小さく位相差が大きい方法を用いると拡散の影響は少なくなるが振動の目立った解になる（図 2.22）．

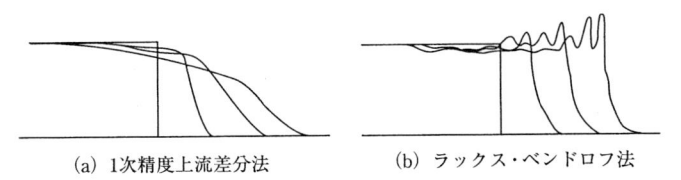

(a) 1次精度上流差分法　　(b) ラックス・ベンドロフ法

図 2.22　各差分法の典型的なふるまい

2.7　波動方程式の差分解法

1次元波動方程式の初期値・境界値問題

$$\frac{\partial^2 u}{\partial t^2} = c^2 \frac{\partial^2 u}{\partial x^2} \quad (0 < x < 1) \quad (2.65)$$

$$u(x, 0) = f(x), \quad u_t(x, 0) = 0, \quad u(0, t) = u(1, t) = 0 \quad (2.66)$$

を考えよう．物理的には長さが1で両端が固定された弦を，初期に $f(x)$ の形

に微小変形させた状態で静止させ，その後に振動を開始させたときの波形を記述する問題になっている．

式 (2.65) を標準的な中心差分で近似すると

$$\frac{u_j^{n+1} - 2u_j^n + u_j^{n-1}}{(\Delta t)^2} = c^2 \frac{u_{j-1}^n - 2u_j^n + u_{j+1}^n}{(\Delta x)^2} \tag{2.67}$$

すなわち

$$u_j^{n+1} = r^2 u_{j-1}^n + 2(1-r^2)u_j^n + r^2 u_{j+1}^n - u_j^{n-1} \tag{2.68}$$

となる $(r = c\Delta t/\Delta x)$．式 (2.68) は，もとの方程式が 2 階であることに対応して，u^{n+1} の値を求めるために u^n および u^{n-1} の値を必要とする式になっている．したがって，初期において u^0 および u^{-1} の値を使う．u^0 の値は式 (2.66) から $f(x)$ によって与えられる．一方，u^{-1} は時間微分の条件から決める．簡単には後退差分で近似すれば $u^{-1} = u^0$ となるため u^{-1} にも f の値を与えればよいが，中心差分で近似する場合には $u^{-1} = u^1$ が条件になる．この場合は式 (2.68) にこの関係を代入して u^{-1} を消去する．

式 (2.68) の安定条件を求めるために以前と同様の方法で増幅率 G を計算すると，G の満たすべき方程式として

$$G^2 - 2\left[1 - 2\left\{r\sin\left(\frac{\xi\Delta x}{2}\right)\right\}^2\right]G + 1 = 0$$

が得られる．これから $|G| \leq 1$ であるためには $r \leq 1$ が必要になる．すなわちクーラン数は 1 以下でなければならない．

別の方法として

$$v = \frac{\partial u}{\partial t}, \quad w = c\frac{\partial u}{\partial x} \tag{2.69}$$

とおく方法がある．このとき，式 (2.65) は

$$\frac{\partial v}{\partial t} = c\frac{\partial w}{\partial x}, \quad \frac{\partial w}{\partial t} = c\frac{\partial v}{\partial x} \tag{2.70}$$

$$v(x, 0) = 0, \quad w(x, 0) = cf'(x)$$

となる．式 (2.70) の近似としては，たとえば

$$\frac{v_j^{n+1} - v_j^n}{\Delta t} = c\frac{w_{j+1/2}^n - w_{j-1/2}^n}{\Delta x} \tag{2.71}$$

$$\frac{w_{j-1/2}^{n+1} - w_{j-1/2}^n}{\Delta t} = c\frac{v_j^{n+1} - v_{j-1}^{n+1}}{\Delta x} \tag{2.72}$$

$$v_j^0 = 0, \quad w_{j-1/2}^0 = cf'((j-1/2)\Delta x) \tag{2.73}$$

を用いる．式 (2.71) は $n\Delta t$ における v, w から $(n+1)\Delta t$ での v を求める式になっている．$n=0$ の場合は式 (2.73) から v, w は既知である．一方，式 (2.72) は $(n+1)\Delta t$ の v および $n\Delta t$ での w から $(n+1)\Delta t$ の w を求める式になっている．式 (2.72) は一見したところ陰解法のようであるが，式 (2.71) から $(n+1)\Delta t$ の v が求まっているため，陽解法である．安定条件は解が 2 成分なので計算が少し面倒であるが，結果はやはり $r = c\Delta t/\Delta x \leq 1$ となる．

2.8　ラプラス・ポアソン方程式の差分解法

ラプラス方程式やポアソン方程式で代表される楕円型方程式は，双曲型や放物型の偏微分方程式と異なり，純粋な境界値問題の形をとる．すなわち，移流方程式 (波動方程式) や拡散方程式では，時間に関する項が含まれていて，初期条件から始めて (境界条件を考慮しながら) 時間発展的に解を求めていくことができた．しかし，楕円型の方程式では全境界での条件が解に影響を及ぼすことになる．

2 次元の熱伝導を例にとってこのことを説明してみよう．図 2.23 に示すような正方形の形状をした板の温度分布を求める問題を考える．境界条件としては板の周囲の温度が与えられているとする．この問題は 2 次元の拡散方程式 (2.46) に支配される．そこで，板の初期温度を与えれば，境界条件を考慮しながら温度が時間とともに決まっていく．これは物理的には境界の温度が内部に熱伝導によって徐々に伝わっていくことを意味している．そこで，長時間経過すると境界での温度が内部まで浸透して (境界の温度を変化させない限り) 温度分布が時間的に変化しない状態に落ち着くと予想できる (実際なにもしないのにある部分で急に温度が上がったり下がったりしない)．この状態を式で表現すると，式 (2.46) において $\partial u/\partial t = 0$ であるので，

2.8 ラプラス・ポアソン方程式の差分解法

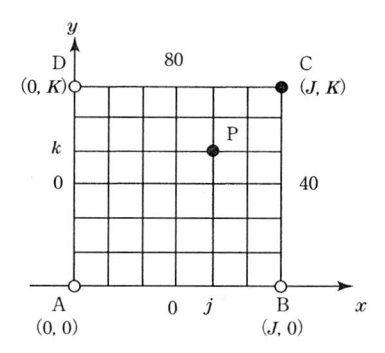

図 2.23 ラプラス方程式に対する格子

$$\frac{\partial^2 u}{\partial x^2} + \frac{\partial^2 u}{\partial y^2} = 0 \quad (0 < x < 1, 0 < y < 1) \tag{2.74}$$

という，2次元のラプラス方程式になる．言い換えれば，ラプラス方程式の解（温度分布）はすべての場所において境界全体の影響を受けたものになっている．

本節では差分法を用いて，まずラプラス方程式 (2.74) を，図 2.23 に示す領域において解くことにする．ただし，境界条件としては辺 AB，AD 上で $u = 0$，辺 BC 上で $u = 40$，辺 CD 上で $u = 80$，すなわち

$$u(0, y) = 0, \quad u(1, y) = 40 \quad (0 \leq y \leq 1)$$
$$u(x, 0) = 0, \quad u(x, 1) = 80 \quad (0 \leq x \leq 1)$$

を与える．

差分法では，いままでにも述べたように，方程式が与えられた領域を差分格子とよばれる4辺形をした小さな格子に分割する．いまの場合は，領域は正方形なので格子に分割するのは簡単である．たとえば，図 2.23 の x 方向に J 等分，y 方向に K 等分すれば，それぞれが合同な $J \times K$ 個の長方形の格子ができる．このとき，図 2.23 の領域において点 P の格子点番号が (j, k) であるとすれば，実際の座標 (x_j, y_k) は

$$x_j = j\Delta x \quad y_k = k\Delta y$$

である．

一方，境界条件は

$$u_{j,0} = 0, \quad u_{j,K} = 80 \quad (j = 0, 1, \cdots, J)$$
$$u_{0,k} = 0, \quad u_{J,k} = 40 \quad (k = 0, 1, \cdots, K)$$

と書ける．そこでもとの問題を解くには，この条件およびもとの偏微分方程式を用いて領域内の $(J-1) \times (K-1)$ 個の格子点での u の近似値 $u_{j,k}$ (ただし, $j = 1, 2, \cdots, J-1, \ k = 1, 2, \cdots, K-1$) を求める必要がある．

中心差分を用いればラプラス方程式 (2.74) は, (j,k) 番目の格子点 P において

$$\frac{u_{j-1,k} - 2u_{j,k} + u_{j+1,k}}{(\Delta x)^2} + \frac{u_{j,k-1} - 2u_{j,k} + u_{j,k+1}}{(\Delta y)^2} = 0 \qquad (2.75)$$

と近似されることがわかる．点 P は領域内のどこの格子点でもよいから，式 (2.75) は $(J-1) \times (K-1)$ 個の方程式を表していることに注意する．未知数 $u_{j,k}$ の数もやはり領域内の格子点数だけあるから，式 (2.75) は連立 $(J-1) \times (K-1)$ 元 1 次方程式であり，それを解くことにより近似解が求まる．

簡単のために領域を 3 等分 $(J = K = 3)$ した場合を考える (図 2.24)．式 (2.75) を図 2.24 の各点で書けば

$$\text{点 a:} \quad \frac{u_{0,1} - 2u_{1,1} + u_{2,1}}{(\Delta x)^2} + \frac{u_{1,0} - 2u_{1,1} + u_{1,2}}{(\Delta y)^2} = 0$$

$$\text{点 b:} \quad \frac{u_{1,1} - 2u_{2,1} + u_{3,1}}{(\Delta x)^2} + \frac{u_{2,0} - 2u_{2,1} + u_{2,2}}{(\Delta y)^2} = 0$$

$$\text{点 c:} \quad \frac{u_{0,2} - 2u_{1,2} + u_{2,2}}{(\Delta x)^2} + \frac{u_{1,1} - 2u_{1,2} + u_{1,3}}{(\Delta y)^2} = 0$$

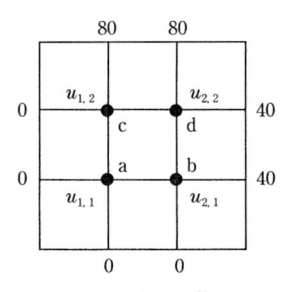

図 2.24 3×3の格子

点 d: $\dfrac{u_{1,2} - 2u_{2,2} + u_{3,2}}{(\Delta x)^2} + \dfrac{u_{2,1} - 2u_{2,2} + u_{2,3}}{(\Delta y)^2} = 0$

となる．ここで $\Delta x = \Delta y = 1/3$ および境界条件

$u_{1,0} = u_{2,0} = 0, \quad u_{1,3} = u_{2,3} = 80, \quad u_{0,1} = u_{0,2} = 0, \quad u_{3,1} = u_{3,2} = 40$

を上式に代入して整理すれば

点 a: $0 - 2u_{1,1} + u_{2,1} + 0 - 2u_{1,1} + u_{1,2} = 0$

点 b: $u_{1,1} - 2u_{2,1} + 40 + 0 - 2u_{2,1} + u_{2,2} = 0$

点 c: $0 - 2u_{1,2} + u_{2,2} + u_{1,1} - 2u_{1,2} + 80 = 0$

点 d: $u_{1,2} - 2u_{2,2} + 40 + u_{2,1} - 2u_{2,2} + 80 = 0$

という連立4元1次方程式になる．そこで，この方程式を解けば，

$$u_{1,1} = 15, \quad u_{2,1} = 25, \quad u_{1,2} = 35, \quad u_{2,2} = 45$$

という差分解が得られる．

    ラプラス方程式は領域内に熱源がない場合の熱平衡状態における温度分布を表す偏微分方程式であった．平板内部のある部分で熱を補給したり，逆に吸い取ったりする場合には，発熱量や吸熱量に関係して熱源を表す既知関数 $q(x, y)$ を用いることにより，熱平衡状態での温度分布はポアソン方程式

$$\dfrac{\partial^2 u}{\partial x^2} + \dfrac{\partial^2 u}{\partial y^2} = q(x, y) \tag{2.76}$$

により支配されることが知られている（$q < 0$ のとき発熱，$q > 0$ のとき吸熱）．

    例として，ラプラス方程式と同じ領域において，

$$q(x, y) = -9000xy$$

の場合に，差分法を用いて解を求めてみよう．ただし，境界条件も同じであるとする．前節と同じように領域を差分格子に分割する．関数 $q(x, y)$ は既知であるため，各格子点において $q(x, y)$ の値が計算できる．いま (j, k) 番目の格子点 (x_j, y_k) での関数値を $q_{j,k}$ とする．すなわち

$$q_{j,k} = q(x_j, y_k)$$

と書く．このとき，ポアソン方程式の差分近似式は式 (2.75) に対応して，

$$\frac{u_{j-1,k} - 2u_{j,k} + u_{j+1,k}}{(\Delta x)^2} + \frac{u_{j,k-1} - 2u_{j,k} + u_{j,k+1}}{(\Delta y)^2} = q_{j,k} \qquad (2.77)$$

となる．この方程式は領域内部の格子点の数だけある (前節と同じく $(J-1) \times (K-1)$ 個)．一方，境界上の格子点での u の値は境界条件で与えられるから，未知数も領域内の格子点の数だけある．方程式と未知数 $u_{j,k}$ の数が一致するため，連立1次方程式 (2.77) を解くことができ，近似解が求まる．

図 2.25 には，格子数を 21×21 とした場合のラプラス方程式およびポアソン方程式の解を等温線で表示 (温度間隔は 8) したものを示す．この場合，連立 400 元の方程式を解いている．

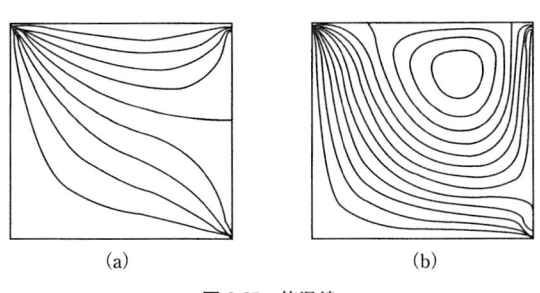

図 2.25 等温線

このように，一般に楕円型方程式を解くためには領域内の格子点数だけの連立方程式を解く必要がある．しかし，ラプラス方程式やポアソン方程式では Δx や Δy など格子幅をどのように選んでも必ず解が得られることが知られている (時間発展型の方程式では Δt や Δx の選び方に注意が必要な場合があった)．したがって，楕円型方程式を解く場合に最も重要な点は，いかに効率よく大型の連立 (1次) 方程式を解くかという点にある．

差分法に現れる連立1次方程式

$$A\boldsymbol{x} = \boldsymbol{b} \qquad (2.78)$$

の特徴として，行列 A が非常に疎 (すなわち大部分の要素が 0) であることと 0 でない要素が対角線上並ぶなど規則正しい形をしていることがあげられる．このような形の連立 1 次方程式は，ガウスの消去法に代表される消去法 (直接法) を用いるよりもガウス・ザイデル (Gauss-Seidel) 法や SOR (successive overrelaxation) 法に代表される反復法で解くほうが有利である．なぜなら，たとえ行列 A が疎であったとしても，3 項方程式など特殊な場合を除いて，消去法では $n^3/3$ (n は連立 1 次方程式の元数) 程度の乗除算を必要とするため，n が大きいときには丸め誤差が集積し精度を悪くするおそれがあるからである．

反復法では式 (2.78) を，それと同等な

$$x = Mx + c \tag{2.79}$$

の形の方程式に変形 (変形の仕方は何通りもある) した上で，式 (2.79) を反復式

$$x^{(\mu+1)} = Mx^{(\mu)} + c \tag{2.80}$$

とみなす．その上で適当な初期値 (出発値) から始めて，式 (2.80) を繰り返し用いて，

$$x^{(0)} \to x^{(1)} \to x^{(2)} \to \cdots$$

の順に計算を行う．この数列が収束すれば (すなわち $x^{(\mu)}$ と $x^{(\mu+1)}$ の差が許容範囲程度に小さくなれば) それが式 (2.78) の解となる．なぜなら，収束値は式 (2.79) を満足し，それと同等な式 (2.78) を満足するからである．したがって，収束値が得られればそれが (許容範囲内での) 正解となる．

ポアソン方程式に現れる連立 1 次方程式 (2.77) を用いて反復法を説明しよう．まず，式 (2.77) を $u_{j,k}$ について解いて

$$u_{j,k} = \frac{1}{2/(\Delta x)^2 + 2/(\Delta y)^2} \left(\frac{u_{j-1,k} + u_{j+1,k}}{(\Delta x)^2} + \frac{u_{j,k-1} + u_{j,k+1}}{(\Delta y)^2} - q_{j,k} \right)$$

という形にする．その上でこの式を反復式とみなして

$$u_{j,k}^{(\mu+1)} = \frac{1}{2/(\Delta x)^2 + 2/(\Delta y)^2} \left(\frac{u_{j-1,k}^{(\mu)} + u_{j+1,k}^{(\mu)}}{(\Delta x)^2} + \frac{u_{j,k-1}^{(\mu)} + u_{j,k+1}^{(\mu)}}{(\Delta y)^2} - q_{j,k} \right) \tag{2.81}$$

とすればよい．初期値 $u^{(0)}$ を各格子点上で適当に与え（まったく見当がつかなければすべて 0 とし，また連立 1 次方程式の右辺が少し異なった場合の解があらかじめわかっていればそれを用いる），これを j については $1 \sim J-1$, k については $1 \sim K-1$ まで変化させて，それを 1 回の反復とする．この方法はヤコビ (Jacobi) の反復法とよばれる．

収束を速めるためには反復式 (2.81) を

$$u_{j,k}^{(\mu+1)} = \frac{1}{2/(\Delta x)^2 + 2/(\Delta y)^2} \left(\frac{u_{j-1,k}^{(\mu+1)} + u_{j+1,k}^{(\mu)}}{(\Delta x)^2} + \frac{u_{j,k-1}^{(\mu+1)} + u_{j,k+1}^{(\mu)}}{(\Delta y)^2} - q_{j,k} \right) \tag{2.82}$$

と変形する．これは，$u_{j,k}^{(\mu+1)}$ を計算する場合には，(j と k を順に増加させるとして) すでに $u_{j-1,k}^{(\mu+1)}$ と $u_{j,k-1}^{(\mu+1)}$ が計算されているためである．この方法はガウス・ザイデル法とよばれており，収束はヤコビの反復法に比べて 2 倍程度速い．さらに，

$$u_{j,k}^{*} = \frac{1}{2/(\Delta x)^2 + 2/(\Delta y)^2} \left(\frac{u_{j-1,k}^{(\mu+1)} + u_{j+1,k}^{(\mu)}}{(\Delta x)^2} + \frac{u_{j,k-1}^{(\mu+1)} + u_{j,k+1}^{(\mu)}}{(\Delta y)^2} - q_{j,k} \right)$$

$$u_{j,k}^{(\mu+1)} = (1-\omega) u_{j,k}^{(\mu)} + \omega u_{j,k}^{*} \tag{2.83}$$

とする方法は SOR 法とよばれる．ここで ω は $0 < \omega < 2$ を満たす数で加速係数とよばれている．ω を 1 とすればガウス・ザイデル法と同じになるが，ω を最適に選んだ場合には収束は 1 桁程度速くできることもめずらしくない．しかし，特殊な方程式を除けば，方程式の形から ω の最適値を見つける方法は知られていない．

さて，これらの反復法の欠点として，初期の数回の反復の間に残差 $A\boldsymbol{x} - \boldsymbol{b}$ は急速に小さくなるものの，それ以降はなかなか残差は小さくならず，特に格子数が多い場合には所定の収束条件を満足するためには非常に多数回の反復を必要とすることがあげられる．これは，誤差をフーリエ分解して考えたとき，反復法によって格子の大きさと同程度の波長の誤差は効率よく減衰するが，長波長側の誤差はなかなか減衰しないことが原因である．また前述のとおり楕円型の方程式の場合，境界条件が全領域に影響を及ぼすため，全領域に情報を伝える必要がある．しかし，差分近似式の構造から 1 回の反復によって 1 つの格子

から情報が伝わるのは隣接格子点だけであるため，全領域に情報を伝えるためには，$N \times N$ の格子の場合，最低 N 回の反復が必要になる．

この困難を回避する方法に多重格子法がある．この方法にはいくつかのバリエーションがあるが，最も単純には以下のようにする．

たとえば，1辺が1の正方形領域で，512×512 の等間隔格子でポアソン方程式を反復法で解くとする．このとき1つの格子幅は 1/512 になるが，まずそれの 16 倍の粗さの 1/32 の格子で解くと 32×32 の格子ですみ，かつ境界の影響も速く内部に伝わる．次にこの粗い格子よりも2倍細かい 64×64 の格子で解くが，そのときの出発値（初期値）として 32×32 の解を内挿補間して決める．このようにして 64×64 の格子の収束を速めることができる．以下，同様に 64×64 の解を利用して 128×128 を解き，次いで 256×256，そして最後に 512×512 の格子で解く．この手順をまとめたものが図 2.26 である．

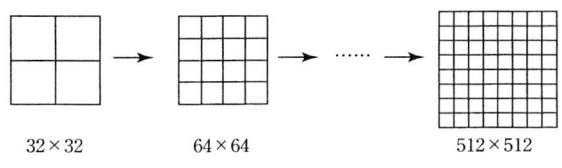

図 2.26 多重格子法

通常はこの手続きで十分に速く収束解が得られるが，もう少し高度な多重格子法も紹介しておこう．まず，領域を順に細かくなる階層的な格子群 $G^1, G^2, \cdots, G^N$ で分割する．このとき，各格子群の格子間隔を $h_1, h_2, \cdots, h_N$ とする．ここでは簡単のため，格子は等間隔とし，2倍ずつ細かくしている（すなわち，$h_{n-1} : h_n = 2 : 1$）とする．いま，G^n 格子でポアソン方程式（一般には楕円型微分方程式）を差分近似したものを

$$L^n U^n = q^n \tag{2.84}$$

とする．ここで L^n は G^n 格子の差分演算子，U^n と q^n はその格子での正解と右辺の関数値である．さらに，式 (2.84) において数回程度反復を行って得られる近似解を u^n と書くことにする．このとき，

$$R^n = q^n - L^n u^n \tag{2.85}$$

は残差とよばれ，一般には0ではない．そこで

$$\delta u^n = U^n - u^n \tag{2.86}$$

と書けば，(右辺第2項を左辺に移項すればわかるように) δu^n は近似解の修正量とみなせる．式 (2.84) と式 (2.85) から，格子 G^n 上での修正量は，方程式

$$L^n \delta u^n = R^n \tag{2.87}$$

を満足することがわかる．

多重格子法では長い波長 (低周波) の誤差を粗い格子で減衰させるために式 (2.87) を1段階粗い格子で解く．すなわち

$$L^{n-1} \delta u^{n-1} = R^{n-1} \tag{2.88}$$

を解く．このとき細かい側の情報があるため，R^{n-1} は通常は特別な補間をしなくても既知になる．次に得られた δu^{n-1} を細かい側の格子に補間を用いて分配して新しい修正量 δu^n_{new} を求め，新しい近似値を

$$u^n_{new} = u^n + \delta u^n_{new} \tag{2.89}$$

から計算する．そして，この近似値を出発値として，$L^n u^n = q^n$ を数回反復する．これで，収束解が得られなければ，同じ手続きを繰り返す．

わかりやすいようにこの手順をもう一度まとめると，以下のようになる．
(1) $L^n u^n = q^n$ を数回反復する．
(2) 式 (2.85) より残差を求め，一段粗い格子の残差の初期値を得る．
(3) 式 (2.88) を解いて粗い格子での残差を得る．
(4) 得られた残差から一段細かい格子の残差を補間して求める．
(5) 式 (2.89) を用いて u_n を修正し，それを出発値として (1) にもどって数

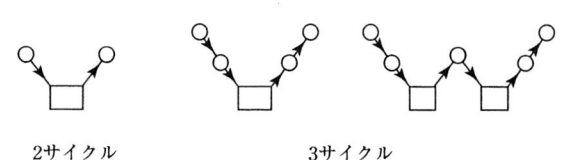

2サイクル　　　　3サイクル

図 2.27　格子のサイクル

回反復する．もし，収束解が得られなければ (2) 以降を繰り返す．

この説明では 2 種類の格子 G^{n-1} と G^n を用いただけであるが，式 (2.88) を (ある楕円型方程式の近似とみなしてそれを) 解くために，さらに粗い格子を用いて再帰的にこの手続きを繰り返すことができる．この場合，手続きの段数 (再帰の回数) によっていろいろな変形が可能で，主なものを図 2.27 に示す．

chapter 3 一般座標と格子生成法

3.1 一般座標変換

　実用問題においては，複雑な境界をもつ領域で偏微分方程式を解かなければならないことがしばしばあるが，差分法では，このような複雑な境界をどのように表現するかが問題になる．なぜなら，差分法では領域を矩形格子で分割するのが一般的であるからである．

　最も単純には，領域を直交等間隔格子で分割して，境界に最も近い格子点を境界上の格子点とみなせばよい．この場合，境界は階段状に近似されるとともに境界上に格子点がのらないことになる．たとえば円柱を直交等間隔格子で近似すると図 3.1 のようになる．ただし，これで十分なことも多い．一方，1.1 節でも述べたが，差分近似式は不等間隔の格子によっても表現できる．このことを用いれば図 3.2 に示すように境界上に格子点をのせることができる．その場合の近似式としては式 (1.10), (1.13) などを使うことになる．この方法の欠点として，境界とその隣接点において差分間隔が急に変化して精度上に問題が起きること，また境界から離れた場所，したがって境界の影響をあまり受けない場所の格子間隔まで境界に左右されて不自然な格子分布になることなどがあげ

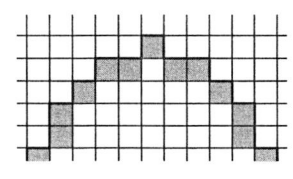

図 3.1　直交等間隔格子 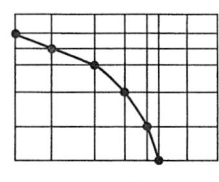　　　図 3.2　直交不等間隔格子 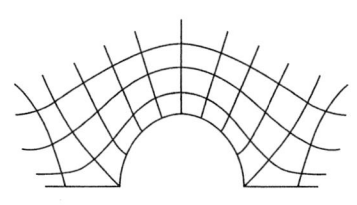　　　図 3.3　曲線格子

られる.さらに,ある方向に格子が細かいときに陽解法を用いる場合には,安定性からの制限によって,時間刻みを大きくとれないという問題もある.

このような矩形格子の欠点をカバーできる方法に,曲線格子を用いる方法がある.すなわち,図 3.3 に示すような境界に沿った格子を用いれば上で述べた困難さが大幅に改善される.曲線格子における差分近似式を構成する方法はいくつかあるが,ここでは座標変換に基づいた方法を紹介する.

はじめに 1 次元の座標変換について説明する.いま,ある微分方程式の厳密解が図 3.4 に示すように境界近くで急に変化していたとする.このような解のふるまいから,境界 $x=0$ の近くに多くの格子点を集めないと,この境界近くで解が正確に表現できないことがわかる.前述のとおり微分は不等間隔格子で表現できるため,上の境界値問題を解く場合には,図 3.5 に示すような格子で差分近似すればよいが,ここでは考え方を変えて,1 次元の座標変換

$$\xi = \xi(x) \tag{3.1}$$

を用いることにする.ここで変換関数 ξ として,図 3.6 のような形をした関数(たとえば $\xi=\sqrt{x}$)を考える.このとき,ξ に対して等間隔の格子は図に示すように x に対しては $x=0$ の近くで間隔が狭まる不等間隔の格子に変換される.言い換えれば変換 (3.1) によって微分方程式を,ξ を独立変数にするような微分方程式に変換した上で,ξ に対して等間隔格子で近似して解を求めれば,その解は x に対しては $x=0$ 付近で細かい格子で計算をしたことになる.

次に変換 (3.1) によって微分係数がどのように変換されるかを考えてみよう.基本的には微分学における変数変換の公式

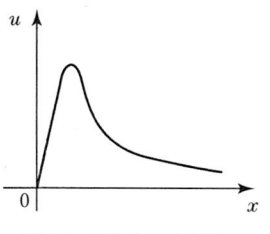

図 3.4 境界 ($x=0$) 付近で急に変化する解

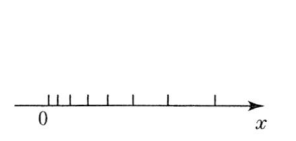

図 3.5 $x=0$ 近くに集中した格子

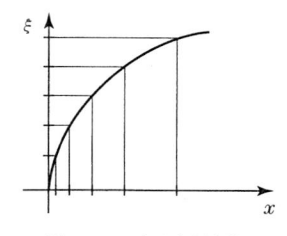

図 3.6 1 次元座標変換

$$\frac{du}{dx} = \frac{du}{d\xi}\frac{d\xi}{dx}$$

を用いればよいが，差分計算では関数値は格子点で評価されるため，上式において $d\xi/dx$ は ξ の格子点で与えられる必要がある．そこで，

$$\frac{d\xi}{dx} = 1 \Big/ \frac{dx}{d\xi}$$

というように微分の独立変数を変換しておく．このようにすれば関数 u の x に関する微分が ξ の格子点において評価できる．まとめれば，1階微分に対する変換公式は

$$\frac{du}{dx} = \frac{du}{d\xi} \Big/ \frac{dx}{d\xi} \tag{3.2}$$

となる．このとき，変換関数としては式 (3.1) のかわりにその逆関数

$$x = x(\xi) \tag{3.3}$$

を用いる．同様に考えれば，2階微分は

$$\frac{d^2 u}{dx^2} = \frac{d}{d\xi}\left(\frac{du}{d\xi} \Big/ \frac{dx}{d\xi}\right)\frac{d\xi}{dx} = \frac{d^2 u}{d\xi^2} \Big/ \left(\frac{dx}{d\xi}\right)^2 - \frac{d^2 x}{d\xi^2}\frac{du}{d\xi} \Big/ \left(\frac{dx}{d\xi}\right)^3 \tag{3.4}$$

と変換できる．

ここで，実際の差分計算では式 (3.2), (3.4) に現れる $dx/d\xi$, $d^2x/d\xi^2$ の関数の形は不要であり，格子点におけるそれらの数値が必要になることに注意する．すなわち実際の計算では，格子点における ξ の値を用いて

$$\frac{dx}{d\xi} = \frac{x(\xi + \Delta\xi) - x(\xi - \Delta\xi)}{2\Delta\xi}$$

$$\frac{d^2 x}{d\xi^2} = \frac{x(\xi - \Delta\xi) - 2x(\xi) + x(\xi + \Delta\xi)}{(\Delta\xi)^2}$$

などの式から式 (3.2), (3.4) の係数にあたる部分 (u を含んでいない部分) の数値を計算する．したがって，式 (3.3) の関数が式で与えられていなくても，各格子点 ξ_j における x の値が (たとえば表などによって) 数値間の対応として与えられていれば，変換面において計算が可能になる．このことは2次元以上の座標変換を理解する上で重要になる．

3.1 一般座標変換

次に 2 次元の座標変換について考えてみよう．2 変数の関数

$$\xi = \xi(x,y), \quad \eta = \eta(x,y) \tag{3.5}$$

あるいはその逆関数

$$x = x(\xi,\eta), \quad y = y(\xi,\eta) \tag{3.6}$$

を用いることにより，図 3.7 に示すように複雑な形状の領域を長方形領域に写像することができる．ここではまず具体的な写像関数が与えられているとして，基礎方程式がどのように変換されるかについて調べることにする．この場合も 1 次元の座標変換と同様に，偏微分の変数変換の公式

$$\frac{\partial u}{\partial x} = \frac{\partial u}{\partial \xi}\frac{\partial \xi}{\partial x} + \frac{\partial u}{\partial \eta}\frac{\partial \eta}{\partial x} \tag{3.7}$$

$$\frac{\partial u}{\partial y} = \frac{\partial u}{\partial \xi}\frac{\partial \xi}{\partial y} + \frac{\partial u}{\partial \eta}\frac{\partial \eta}{\partial y} \tag{3.8}$$

が基本になる．ただし，1 次元の場合と同じく右辺に x や y に関する微分が含まれるため，このままの形では変換後における ξ や η に関する微分の評価に使えない．言い換えれば，式 (3.7), (3.8) の右辺を，独立変数 ξ と η に関する微分だけが現れる形に直す必要がある．

いま，式 (3.7) の u に x および y を代入すると，$\partial x/\partial x = 1$, $\partial y/\partial x = 0$ であるから

$$\frac{\partial x}{\partial \xi}\frac{\partial \xi}{\partial x} + \frac{\partial x}{\partial \eta}\frac{\partial \eta}{\partial x} = 1$$

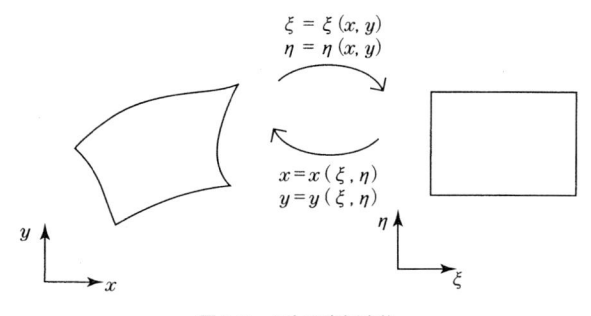

図 3.7 2 次元座標変換

$$\frac{\partial y}{\partial \xi}\frac{\partial \xi}{\partial x} + \frac{\partial y}{\partial \eta}\frac{\partial \eta}{\partial x} = 0$$

となる．この式を $\partial \xi/\partial x$, $\partial \eta/\partial x$ を決める方程式とみなしてこれらについて解けば

$$\frac{\partial \xi}{\partial x} = \frac{1}{J}\frac{\partial y}{\partial \eta}, \quad \frac{\partial \eta}{\partial x} = -\frac{1}{J}\frac{\partial y}{\partial \xi} \tag{3.9}$$

となる．ここで

$$J = \frac{\partial x}{\partial \xi}\frac{\partial y}{\partial \eta} - \frac{\partial y}{\partial \xi}\frac{\partial x}{\partial \eta} \tag{3.10}$$

であり，変換のヤコビアンとよばれている．したがって，式 (3.7) は

$$\frac{\partial u}{\partial x} = \frac{1}{J}\left(\frac{\partial y}{\partial \eta}\frac{\partial u}{\partial \xi} - \frac{\partial y}{\partial \xi}\frac{\partial u}{\partial \eta}\right) \tag{3.11}$$

となる．J はすべて ξ と η に関する微分で表現されているため，式 (3.11) は ξ と η の微分のみを含んだ式になっている．

同様に式 (3.8) の u に x および y を代入した式を $\partial \xi/\partial y$, $\partial \eta/\partial y$ を決める方程式とみなして解けば

$$\frac{\partial \xi}{\partial y} = -\frac{1}{J}\frac{\partial x}{\partial \eta}, \quad \frac{\partial \eta}{\partial y} = \frac{1}{J}\frac{\partial x}{\partial \xi} \tag{3.12}$$

となり，これから

$$\frac{\partial u}{\partial y} = \frac{1}{J}\left(-\frac{\partial x}{\partial \eta}\frac{\partial u}{\partial \xi} + \frac{\partial x}{\partial \xi}\frac{\partial u}{\partial \eta}\right) \tag{3.13}$$

が得られる．

2 階微分についても同様にできるが，式は複雑になる．記法を簡単にするため，偏微分を添字で表すと，$u_x = u_\xi \xi_x + u_\eta \eta_x$ から

3.1 一般座標変換

$$\begin{aligned}
u_{xx} &= (u_\xi \xi_x + u_\eta \eta_x)_\xi \xi_x + (u_\xi \xi_x + u_\eta \eta_x)_\eta \eta_x \\
&= u_{\xi\xi}\xi_x^2 + u_{\xi\eta}\xi_x\eta_x + u_{\xi\eta}\xi_x\eta_x + u_{\eta\eta}\eta_x^2 \\
&\quad + [(\xi_x)_\xi \xi_x + (\xi_x)_\eta \eta_x]u_\xi + [(\eta_x)_\xi \xi_x + (\eta_x)_\eta \eta_x]u_\eta \\
&= \xi_x^2 u_{\xi\xi} + 2\xi_x \eta_x u_{\xi\eta} + \eta_x^2 u_{\eta\eta} + \xi_{xx} u_\xi + \eta_{xx} u_\eta \\
u_{xy} &= \xi_x \xi_y u_{\xi\xi} + (\xi_x \eta_y + \xi_y \eta_x) u_{\xi\eta} + \eta_x \eta_y u_{\eta\eta} + \xi_{xy} u_\xi + \eta_{xy} u_\eta \\
u_{yy} &= \xi_y^2 u_{\xi\xi} + 2\xi_y \eta_y u_{\xi\eta} + \eta_y^2 u_{\eta\eta} + \xi_{yy} u_\xi + \eta_{yy} u_\eta
\end{aligned} \quad (3.14)$$

となる．これらの式で $\xi_x, \xi_y, \eta_x, \eta_y$ は式 (3.9), (3.12) によって ξ, η の微分で表す．また，ξ_{xx} などについては以下の関係を利用する．

$$\begin{aligned}
\xi_{xx} &= \frac{\partial \xi}{\partial x}\frac{\partial \xi_x}{\partial \xi} + \frac{\partial \eta}{\partial x}\frac{\partial \xi_x}{\partial \eta} = \frac{y_\eta}{J}\frac{\partial}{\partial \xi}\left(\frac{y_\eta}{J}\right) - \frac{y_\xi}{J}\frac{\partial}{\partial \eta}\left(\frac{y_\eta}{J}\right) \\
&= \frac{(y_\eta^2 y_{\xi\xi} - 2y_\xi y_\eta y_{\xi\eta} + y_\xi^2 y_{\eta\eta})x_\eta - (y_\eta^2 x_{\xi\xi} - 2y_\xi y_\eta x_{\xi\eta} + y_\xi^2 x_{\eta\eta})y_\eta}{J^3} \\
\xi_{xy} &= \frac{x_\xi y_{\eta\eta} - x_\eta y_{\xi\eta}}{J^2} + \frac{x_\eta y_\eta J_\xi - x_\xi y_\eta J_\eta}{J^3} \\
\xi_{yy} &= \frac{(x_\eta^2 y_{\xi\xi} - 2x_\xi x_\eta y_{\xi\eta} + x_\xi^2 y_{\eta\eta})x_\eta - (x_\eta^2 x_{\xi\xi} - 2x_\xi x_\eta x_{\xi\eta} + x_\xi^2 x_{\eta\eta})y_\eta}{J^3} \\
\eta_{xx} &= \frac{(y_\eta^2 x_{\xi\xi} - 2y_\xi y_\eta x_{\xi\eta} + y_\xi^2 x_{\eta\eta})y_\xi - (y_\eta^2 y_{\xi\xi} - 2y_\xi y_\eta y_{\xi\eta} + y_\xi^2 y_{\eta\eta})x_\xi}{J^3} \\
\eta_{xy} &= \frac{x_\eta y_{\xi\xi} - x_\xi y_{\xi\eta}}{J^2} + \frac{x_\xi y_\xi J_\eta - x_\eta y_\xi J_\xi}{J^3} \\
\eta_{yy} &= \frac{(x_\eta^2 x_{\xi\xi} - 2x_\xi x_\eta x_{\xi\eta} + x_\xi^2 x_{\eta\eta})y_\xi - (x_\eta^2 y_{\xi\xi} - 2x_\xi x_\eta y_{\xi\eta} + x_\xi^2 y_{\eta\eta})x_\xi}{J^3}
\end{aligned} \quad (3.15)$$

以上のことから

$$\begin{aligned}
u_{xx} &= \frac{y_\eta^2 u_{\xi\xi} - 2y_\xi y_\eta u_{\xi\eta} + y_\xi^2 u_{\eta\eta}}{J^2} \\
&\quad + \frac{(y_\eta^2 y_{\xi\xi} - 2y_\xi y_\eta y_{\xi\eta} + y_\xi^2 y_{\eta\eta})(x_\eta u_\xi - x_\xi u_\eta)}{J^3} \\
&\quad + \frac{(y_\eta^2 x_{\xi\xi} - 2y_\xi y_\eta x_{\xi\eta} + y_\xi^2 x_{\eta\eta})(y_\xi u_\eta - y_\eta u_\xi)}{J^3}
\end{aligned}$$

$$u_{xy} = \frac{(x_\xi y_\eta + x_\eta y_\xi)u_{\xi\eta} - x_\xi y_\xi u_{\eta\eta} - x_\eta y_\eta u_{\xi\xi}}{J^2}$$
$$+ \left(\frac{x_\xi y_{\eta\eta} - x_\eta y_{\xi\eta}}{J^2} + \frac{x_\eta y_\eta J_\xi - x_\xi y_\eta J_\eta}{J^3} \right) u_\xi \quad (3.16)$$
$$+ \left(\frac{x_\eta y_{\xi\xi} - x_\xi y_{\xi\eta}}{J^2} + \frac{x_\xi y_\xi J_\eta - x_\eta y_\xi J_\xi}{J^3} \right) u_\eta$$

$$u_{yy} = \frac{x_\eta^2 u_{\xi\xi} - 2x_\xi x_\eta u_{\xi\eta} + x_\xi^2 u_{\eta\eta}}{J^2}$$
$$+ \frac{(x_\eta^2 y_{\xi\xi} - 2x_\xi x_\eta y_{\xi\eta} + x_\xi^2 y_{\eta\eta})(x_\eta u_\xi - x_\xi u_\eta)}{J^3}$$
$$+ \frac{(x_\eta^2 x_{\xi\xi} - 2x_\xi x_\eta x_{\xi\eta} + x_\xi^2 x_{\eta\eta})(y_\xi u_\eta - y_\eta u_\xi)}{J^3}$$

が得られる．

これらの式からラプラスの演算子は

$$u_{xx} + u_{yy} = \frac{\alpha u_{\xi\xi} - 2\beta u_{\xi\eta} + \gamma u_{\eta\eta}}{J^2}$$
$$+ \frac{(\alpha x_{\xi\xi} - 2\beta x_{\xi\eta} + \gamma x_{\eta\eta})(y_\xi u_\eta - y_\eta u_\xi) + (\alpha y_{\xi\xi} - 2\beta y_{\xi\eta} + \gamma y_{\eta\eta})(x_\eta u_\xi - x_\xi u_\eta)}{J^3}$$
$$(3.17)$$

に変換されることがわかる．ただし

$$\alpha = x_\eta^2 + y_\eta^2, \quad \beta = x_\xi x_\eta + y_\xi y_\eta, \quad \gamma = x_\xi^2 + y_\xi^2 \quad (3.18)$$

である．

なお，上述の2階微分の関係式を使わずに，ξ_x などを式 (3.9), (3.12) によって計算し，それらの値を各格子点において記憶して，式 (3.11), (3.13) の u のかわりに用いて ξ_{xx} 等を数値で求めることもできる．

式 (3.11), (3.13), (3.16), (3.17) などは，(もとの方程式を変換して得られた) 基礎方程式を変換面において計算する場合，係数にあたる項 (すなわち u を含まない項) の値が必要であることを示している．しかし，基礎方程式を差分法で近似することを考えれば，このような係数は，変換面の格子において数値で与えられればよい．言い換えれば，必要なのは変数変換 (3.5), (3.6) に現れる関数の形ではなく，係数に含まれる，$x_\xi, y_{\eta\eta}, x_{\xi\eta}$ などの具体的な数値である．

これらは

$$\frac{\partial x}{\partial \xi} = \frac{x(\xi + \Delta\xi, \eta) - x(\xi - \Delta\xi, \eta)}{2\Delta\xi}$$

$$\frac{\partial^2 y}{\partial \eta^2} = \frac{y(\xi, \eta + \Delta\eta) - 2y(\xi, \eta) + y(\xi, \eta - \Delta\eta)}{(\Delta\eta)^2}$$

$$\frac{\partial^2 x}{\partial \xi \partial \eta}$$
$$= \frac{x(\xi+\Delta\xi, \eta+\Delta\eta) - x(\xi-\Delta\xi, \eta+\Delta\eta) - x(\xi+\Delta\xi, \eta-\Delta\eta) + x(\xi-\Delta\xi, \eta-\Delta\eta)}{4\Delta\xi\Delta\eta}$$

等の式を用いて計算される．したがって，1次元のときと同様に，変換面の格子点に対応する物理面（もとの面）の曲線格子の格子点における x および y の座標が数値で与えられれば十分である．

3次元の座標変換も2次元の場合と同様にできる．基礎となる関係式は

$$\frac{\partial u}{\partial x} = \frac{\partial u}{\partial \xi}\frac{\partial \xi}{\partial x} + \frac{\partial u}{\partial \eta}\frac{\partial \eta}{\partial x} + \frac{\partial u}{\partial \zeta}\frac{\partial \zeta}{\partial x} \tag{3.19}$$

$$\frac{\partial u}{\partial y} = \frac{\partial u}{\partial \xi}\frac{\partial \xi}{\partial y} + \frac{\partial u}{\partial \eta}\frac{\partial \eta}{\partial y} + \frac{\partial u}{\partial \zeta}\frac{\partial \zeta}{\partial y} \tag{3.20}$$

$$\frac{\partial u}{\partial z} = \frac{\partial u}{\partial \xi}\frac{\partial \xi}{\partial z} + \frac{\partial u}{\partial \eta}\frac{\partial \eta}{\partial z} + \frac{\partial u}{\partial \zeta}\frac{\partial \zeta}{\partial z} \tag{3.21}$$

である．この場合も変換式に x, y, z に関する微分が含まれているため，これらを ξ, η, ζ に関する微分で表現する必要がある．そこで，式 (3.19) の u に x, y, z を代入した式を ξ_x, η_x, ζ_x について解く．このとき，

$$J = x_\xi y_\eta z_\zeta + x_\eta y_\zeta z_\xi + x_\zeta y_\xi z_\eta - x_\xi y_\zeta z_\eta - x_\eta y_\xi z_\zeta - x_\zeta y_\eta z_\xi \tag{3.22}$$

として

$$\xi_x = \frac{y_\eta z_\zeta - y_\zeta z_\eta}{J}$$
$$\eta_x = \frac{y_\zeta z_\xi - y_\xi z_\zeta}{J} \tag{3.23}$$
$$\zeta_x = \frac{y_\xi z_\zeta - y_\eta z_\xi}{J}$$

が得られる. 同様に式 (3.20) の u に x, y, z を代入した式を ξ_y, η_y, ζ_y について解くと

$$\xi_y = \frac{x_\zeta z_\eta - x_\eta z_\zeta}{J}$$
$$\eta_y = \frac{x_\xi z_\zeta - x_\zeta z_\xi}{J} \qquad (3.24)$$
$$\zeta_y = \frac{x_\eta z_\xi - x_\xi z_\eta}{J}$$

となり, 式 (3.21) の u に x, y, z を代入した式を ξ_z, η_z, ζ_z について解くと

$$\xi_z = \frac{x_\eta y_\zeta - x_\zeta y_\eta}{J}$$
$$\eta_z = \frac{x_\zeta y_\xi - x_\xi y_\zeta}{J} \qquad (3.25)$$
$$\zeta_z = \frac{x_\xi y_\eta - x_\eta y_\xi}{J}$$

となる. 式 (3.22) の J は 2 次元の場合と同じく変換のヤコビアンとよばれる.

これらの関係式を式 (3.19), (3.20), (3.21) に代入すれば, 1 階微分の関係式は ξ, η, ζ に関する微分だけを含んだ

$$\begin{aligned}
u_x &= \frac{u_\xi(y_\eta z_\zeta - y_\zeta z_\eta)}{J} + \frac{u_\eta(y_\zeta z_\xi - y_\xi z_\zeta)}{J} + \frac{u_\zeta(y_\xi z_\eta - y_\eta z_\xi)}{J} \\
u_y &= \frac{u_\xi(x_\zeta z_\eta - x_\eta z_\zeta)}{J} + \frac{u_\eta(x_\xi z_\zeta - x_\zeta z_\xi)}{J} + \frac{u_\zeta(x_\eta z_\xi - x_\xi z_\eta)}{J} \qquad (3.26) \\
u_z &= \frac{u_\xi(x_\eta y_\zeta - x_\zeta y_\eta)}{J} + \frac{u_\eta(x_\zeta y_\xi - x_\xi y_\zeta)}{J} + \frac{u_\zeta(x_\xi y_\eta - x_\eta y_\xi)}{J}
\end{aligned}$$

という形に書ける.

2 階微分については

$$\begin{aligned}
u_{xx} &= (\xi_x u_\xi + \eta_x u_\eta + \zeta_x u_\zeta)_x \\
&= \xi_x^2 u_{\xi\xi} + \eta_x^2 u_{\eta\eta} + \zeta_x^2 u_{\zeta\zeta} + 2\xi_x \eta_x u_{\xi\eta} + 2\eta_x \zeta_x u_{\eta\zeta} + 2\zeta_x \xi_x u_{\zeta\xi} \\
&\quad + \xi_{xx} u_\xi + \eta_{xx} u_\eta + \zeta_{xx} u_\zeta
\end{aligned}$$

$$
\begin{aligned}
u_{yy} &= (\xi_y u_\xi + \eta_y u_\eta + \zeta_y u_\zeta)_y \\
&= \xi_y^2 u_{\xi\xi} + \eta_y^2 u_{\eta\eta} + \zeta_y^2 u_{\zeta\zeta} + 2\xi_y\eta_y u_{\xi\eta} + 2\eta_y\zeta_y u_{\eta\zeta} + 2\zeta_y\xi_y u_{\zeta\xi} \quad (3.27)\\
&\quad + \xi_{yy} u_\xi + \eta_{yy} u_\eta + \zeta_{yy} u_\zeta \\
u_{zz} &= (\xi_z u_\xi + \eta_z u_\eta + \zeta_z u_\zeta)_z \\
&= \xi_z^2 u_{\xi\xi} + \eta_z^2 u_{\eta\eta} + \zeta_z^2 u_{\zeta\zeta} + 2\xi_z\eta_z u_{\xi\eta} + 2\eta_z\zeta_z u_{\eta\zeta} + 2\zeta_z\xi_z u_{\zeta\xi} \\
&\quad + \xi_{zz} u_\xi + \eta_{zz} u_\eta + \zeta_{zz} u_\zeta
\end{aligned}
$$

となり，したがってラプラスの演算子は

$$
\begin{aligned}
u_{xx}+u_{yy}+u_{zz} &= (\xi_x^2+\xi_y^2+\xi_z^2)u_{\xi\xi} + (\eta_x^2+\eta_y^2+\eta_z^2)u_{\eta\eta} + (\zeta_x^2+\zeta_y^2+\zeta_z^2)u_{\zeta\zeta} \\
&\quad + 2(\xi_x\eta_x+\xi_y\eta_y+\xi_z\eta_z)u_{\xi\eta} + 2(\eta_x\zeta_x+\eta_y\zeta_y+\eta_z\zeta_z)u_{\eta\zeta} \\
&\quad + 2(\zeta_x\xi_x+\zeta_y\xi_y+\zeta_z\xi_z)u_{\zeta\xi} + (\xi_{xx}+\xi_{yy}+\xi_{zz})u_\xi \\
&\quad + (\eta_{xx}+\eta_{yy}+\eta_{zz})u_\eta + (\zeta_{xx}+\zeta_{yy}+\zeta_{zz})u_\zeta \quad (3.28)
\end{aligned}
$$

となる．ここで

$$
\xi_{xx} = \frac{\partial \xi}{\partial x}\frac{\partial \xi_x}{\partial \xi} + \frac{\partial \eta}{\partial x}\frac{\partial \xi_x}{\partial \eta} + \frac{\partial \zeta}{\partial x}\frac{\partial \xi_x}{\partial \zeta}
$$

などが成り立つため，ξ_x などに式 (3.23), (3.24), (3.25) を代入して式を展開すれば，これらの2階微分は ξ, η, ζ の微分だけを含んだ式に書き換えられる．しかし，この場合，式が非常に長くなるため，実際の数値計算では式を展開せずに，ξ_x などを式 (3.23), (3.24), (3.25) の差分近似式を用いて格子点上で計算して配列に記憶し，上式を近似した式に代入するほうが簡単である．たとえば，ξ_x, η_x, ζ_x の格子点での値がそれぞれ配列 A, B, C に記憶されていれば，

$$
\begin{aligned}
\xi_{xx} \sim\, & A_{i,j,k}\frac{A_{i+1,j,k} - A_{i-1,j,k}}{2\Delta\xi} \\
&+ B_{i,j,k}\frac{A_{i,j+1,k} - A_{i,j-1,k}}{2\Delta\eta} + C_{i,j,k}\frac{A_{i,j,k+1} - A_{i,j,k-1}}{2\Delta\zeta}
\end{aligned}
$$

によって ξ_{xx} などの数値が計算できる．

自由表面問題など，時間的に境界形状が変化する問題を扱うこともしばしばあ

る．このような問題に対しては時間依存性のある座標変換を用いることによって，計算領域を時間的に変化しない長方形領域に写像することができ，計算が容易になる．そこで，まず時間的に変化する 2 次元座標変換

$$x = x(\xi, \eta, \tau), \quad y = y(\xi, \eta, \tau), \quad t = \tau \tag{3.29}$$

によって，微分がどのように変換されるかを考えてみよう．関数 $u(x, y, t)$ の x および y に関する偏微分は時間がない場合と同じであるが，時間に関する微分は座標の変化の影響を受ける．関数 u は式 (3.29) を通して ξ, η, ζ の関数と考えられるため，u を τ で微分すると

$$\left(\frac{\partial u}{\partial \tau}\right)_{\xi,\eta} = \left(\frac{\partial u}{\partial x}\right)_{y,t} \left(\frac{\partial x}{\partial \tau}\right)_{\xi,\eta} + \left(\frac{\partial u}{\partial y}\right)_{x,t} \left(\frac{\partial y}{\partial \tau}\right)_{\xi,\eta} + \left(\frac{\partial u}{\partial t}\right)_{x,y} \left(\frac{\partial t}{\partial \tau}\right)_{\xi,\eta}$$

となる．ただし，下添字は一定に保つ変数を示す．ここで，$\tau = t$ であるから，上式は

$$\left(\frac{\partial u}{\partial t}\right)_{x,y} = \left(\frac{\partial u}{\partial \tau}\right)_{\xi,\eta} - \left(\frac{\partial u}{\partial x}\right)_{y,t} \left(\frac{\partial x}{\partial \tau}\right)_{\xi,\eta} - \left(\frac{\partial u}{\partial y}\right)_{x,t} \left(\frac{\partial y}{\partial \tau}\right)_{\xi,\eta}$$

と変形できる．この式の u_x, u_y に変換式 (3.11), (3.13) を代入したものが求める式になる．以上をまとめれば次のようになる．

$$\begin{aligned}
u_x &= \left(\frac{\partial u}{\partial x}\right)_{y,t} = \frac{1}{J}(y_\eta u_\xi - y_\xi u_\eta) \\
u_y &= \left(\frac{\partial u}{\partial y}\right)_{x,t} = \frac{1}{J}(x_\xi u_\eta - x_\eta u_\xi) \\
u_t &= \left(\frac{\partial u}{\partial t}\right)_{x,y} = \left(\frac{\partial u}{\partial \tau}\right)_{\xi,\eta} - \frac{1}{J}(y_\eta u_\xi - y_\xi u_\eta)\left(\frac{\partial x}{\partial \tau}\right)_{\xi,\eta} \\
&\quad - \frac{1}{J}(x_\xi u_\eta - x_\eta u_\xi)\left(\frac{\partial y}{\partial \tau}\right)_{\xi,\eta}
\end{aligned} \tag{3.30}$$

3 次元の場合も，時間依存性のない座標変換の公式から，時間依存性のある変換

$$x = x(\xi, \eta, \zeta), \quad y = y(\xi, \eta, \zeta), \quad z = z(\xi, \eta, \zeta), \quad t = \tau \tag{3.31}$$

に対する公式を，2 次元の場合と同様にして導くことができる．すなわち，関数

$u(x, y, z, t)$ の x, y, z に関する微分に対して変換公式 (3.26) がそのまま使え，時間に関する微分は

$$\left(\frac{\partial u}{\partial t}\right)_{x,y,z} = \left(\frac{\partial u}{\partial \tau}\right)_{\xi,\eta,\zeta} - \left(\frac{\partial u}{\partial x}\right)_{y,z,t}\left(\frac{\partial x}{\partial \tau}\right)_{\xi,\eta,\zeta} - \left(\frac{\partial u}{\partial y}\right)_{x,z,t}\left(\frac{\partial y}{\partial \tau}\right)_{\xi,\eta,\zeta}$$
$$- \left(\frac{\partial u}{\partial z}\right)_{x,y,t}\left(\frac{\partial z}{\partial \tau}\right)_{\xi,\eta,\zeta} \quad (3.32)$$

となる．ただし，u_x, u_y, u_z には式 (3.26) を用いる．

3.2 代数的格子生成法

前節では一般の座標変換について解説したが，数値計算では変換関数がどのような式で表されるかは問題にならず，必要なのは曲線格子の交点 (格子点) の (x, y) 座標の数値だけであることを強調した．したがって，領域形状が与えられたとき，それをどのように格子分割して格子点の数値を自動的に得るかが，曲線座標を用いる上で最も大切になる．この手続きのことを格子生成とよんでいる．

格子生成においては，境界の位置から内部の格子点をいかに合理的に決めるかが重要になるが，1つの考え方として，補間法の利用が考えられる．すなわち，既知の境界の座標点を用いて内部の格子点を補間すると考える．本節では，補間の考えを使った格子生成法を紹介する．

a. ラグランジュ補間

この方法は任意形状の領域にはそのままの形では使えないが，図 3.8 に示すように向かい合った境界線の一組が直線である場合に使える方法である．

はじめにラグランジュ (Lagrange) 補間法について簡単に述べる．図 3.9 に示すように (ξ, x) 平面に $n+1$ 個の相異なる離散点 (ξ_0, x_0), (ξ_1, x_1), $\cdots$, (ξ_n, x_n) があるとき，これらの点のすべてを通る n 次式を求める．そして，n 次のラグランジュ補間とは，この多項式を用いて与えられた離散点以外の ξ に対応する x を求める手続きのことである．このような n 次多項式はラグランジュの補間多項式とよばれる

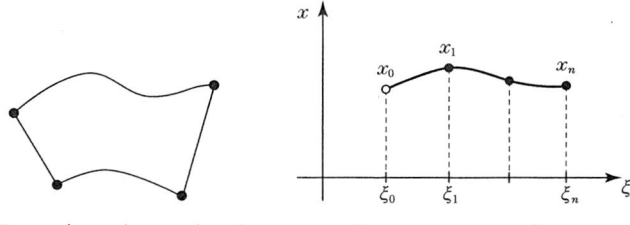

図 3.8 向かい合った 1 組の境界が直線である領域

図 3.9 ラグランジュ補間

$$l_k(\xi) = \frac{(\xi-\xi_0)\cdots(\xi-\xi_{k-1})(\xi-\xi_{k+1})\cdots(\xi-\xi_n)}{(\xi_k-\xi_0)\cdots(\xi_k-\xi_{k-1})(\xi_k-\xi_{k+1})\cdots(\xi_k-\xi_n)} \quad (k=0,\cdots,n) \tag{3.33}$$

を用いることにより

$$P(\xi) = \sum_{j=0}^{n} x_j l_j(\xi) \tag{3.34}$$

と書き下すことができる．なぜなら，式 (3.33) は n 次式であり，

$$l_k(\xi_k) = 1, \quad l_k(\xi_j) = 0 \quad (j \neq k)$$

という性質をもつことは値を代入することによって容易に確かめられるが，この性質を用いれば，$k=0,1,\cdots,n$ に対して

$$P(\xi_k) = 0 + \cdots + 0 + 1 \times x_k + 0 + \cdots + 0 = x_k \tag{3.35}$$

となるため，補間の条件が満足されるからである．

最も簡単なものは 2 点 (ξ_0, x_0), (ξ_J, x_J) を通る 1 次のラグランジュ補間 (線形補間) であり，

$$P(\xi) = \frac{\xi-\xi_J}{\xi_0-\xi_J}x_0 + \frac{\xi-\xi_0}{\xi_J-\xi_0}x_J \tag{3.36}$$

と書くことができる．そこである領域の向かい合った境界上の 2 点の x 座標が ξ をパラメータとして (ξ_0, x_0), (ξ_J, x_J) で与えられたとき，その間に $J-1$ 個の点を 1 次のラグランジュ補間によって配置するには，式 (3.36) の ξ に ξ_j ($j=1,2,\cdots,J-1$) を代入すればよい．同様に境界上の 2 点の y 座標を (ξ_0, y_0), (ξ_J, y_J) とすれば，1 次のラグランジュ補間は

$$P(\xi) = \frac{\xi - \xi_J}{\xi_0 - \xi_J} y_0 + \frac{\xi - \xi_0}{\xi_J - \xi_0} y_J \tag{3.37}$$

となる．式 (3.36), (3.37) は境界の座標点を成分で表示したが，よりわかりやすくベクトル表示すると，向かい合った境界上の 2 点の座標 $\boldsymbol{r}(\xi_0)$, $\boldsymbol{r}(\xi_J)$ が与えられたとき内部の座標は

$$\boldsymbol{r}(\xi) = \frac{\xi - \xi_J}{\xi_0 - \xi_J} \boldsymbol{r}_0 + \frac{\xi - \xi_0}{\xi_J - \xi_0} \boldsymbol{r}_J \tag{3.38}$$

で与えられる．ただし $\boldsymbol{r}(\xi_0) = \boldsymbol{r}_0$, $\boldsymbol{r}(\xi_J) = \boldsymbol{r}_J$ と記した．格子生成では $\xi_0 = 0, \xi_1 = 1, \cdots, \xi_J = J$ ととることが多いので，式 (3.38) は

$$\boldsymbol{r}(j) = \left(1 - \frac{j}{J}\right) \boldsymbol{r}_0 + \frac{j}{J} \boldsymbol{r}_J \tag{3.39}$$

とも書ける．このような補間を行うと図 3.10 に示すように境界間を直線で結んで，その間を等間隔に分けたことになる．

もし，等間隔ではなく格子間隔を変化させたければ，式 (3.39) を

$$\boldsymbol{r}(j) = (1 - \varphi(j))\boldsymbol{r}_0 + \varphi(j)\boldsymbol{r}_J \tag{3.40}$$

と書いた上で，$\varphi(j)$ として，0 から 1 まで単調に変化する関数を使えばよい．たとえば，$\boldsymbol{r}_0$ の近くに格子を集める場合は，

$$\varphi(j) = \left(\frac{j}{J}\right)^2$$

などを使えばよい．なお，式 (3.39) は $\varphi(j) = j/J$ ととったことに対応する．

2 次以上のラグランジュ補間を用いると，境界上の点とは別の点を指定した

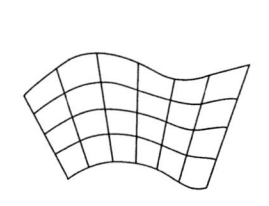

図 3.10 ラグランジュ補間による格子生成

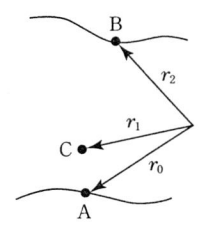

図 3.11 格子間隔の調整

補間が可能になる．たとえば，図 3.11 において境界上の点 A, B の位置ベクトルを $r_{J(0)}, r_{J(2)}$ (ただし $J(0) = 0, J(2) = J$) とし，$\xi = (J+1)/2$ (J は奇数) において領域内の 1 点 C を通るような格子をつくるには，点 C の位置ベクトルを $r_{J(1)}$ (ただし $J(1) = (J+1)/2$) とした上で，2 次のラグランジュ補間を用いて

$$r(\xi) = \sum_{i=0}^{2} \psi_i(\xi) r_{J(i)} \tag{3.41}$$

ただし，$t = \xi/J$ ($\xi = 0, 1, \cdots, J$) として

$$\psi_0(\xi) = 2\left(t - \frac{1}{2}\right)(t-1)$$
$$\psi_1(\xi) = 4t(1-t)$$
$$\psi_2(\xi) = 2t\left(t - \frac{1}{2}\right)$$

とすればよい．もしある境界の近くに格子を集めたければ，点 C をその境界の近くに置けばよい．このような点 C は，格子間隔の調整に用いられるため，必ずしも格子点と一致する必要はない．

一般にラグランジュ補間を用いた格子生成法は

$$r(\xi) = \sum_{i=0}^{n} \psi_i(\xi) r_{J(i)} \tag{3.42}$$

の形に書くことができる．

b. エルミート補間

ラグランジュ補間は，$n+1$ 個の点において関数の値が与えられた場合の補間であった．エルミート (Hermite) 補間は，$n+1$ 個の点において関数値のみならず導関数値まで与えられた場合の補間である．すなわち，$n+1$ 個の点 (ξ_0, x_0), $(\xi_1, x_1), \cdots, (\xi_n, x_n)$ において導関数値 $x'_0, x'_1, \cdots, x'_n$ が与えられているとき，これらの点をすべてとおり導関数値も一致するような多項式を求める．この場合，満たすべき条件が $2n+2$ 個あるため，求める多項式は $2n+1$ 次になることが予想されるが，実際

$$H(\xi) = \sum_{j=0}^{n} x_j h_j(\xi) + \sum_{j=0}^{n} x'_j g_j(\xi) \tag{3.43}$$

が補間の条件を満たす．ただし，g と h は $2n+1$ 次式であり，$l_j(\xi)$ を n 次のラグランジュ多項式 (3.33) としたとき

$$h_j(\xi) = \{l_j(\xi)\}^2 \{1 - 2(\xi - \xi_j) l'_j(\xi_j)\}$$
$$g_j(\xi) = (x - x_j) \{l_j(\xi)\}^2 \tag{3.44}$$

である．このことは値を代入することにより確かめられる．

最も簡単なものは向かい合った境界上の 2 点 $\boldsymbol{r}_{J(0)}$, $\boldsymbol{r}_{J(1)}$ (ただし $J(0) = 0$, $J(1) = J$) において導関数値 $\boldsymbol{r}'_{J(0)}$, $\boldsymbol{r}'_{J(1)}$ が与えられたときのエルミート補間であり，ベクトル形で

$$\boldsymbol{r}_j(\xi) = \sum_{j=0}^{1} h_j(\xi) \boldsymbol{r}_{J(j)} + \sum_{j=0}^{1} g_j(\xi) \boldsymbol{r}'_{J(j)} \tag{3.45}$$

と書くことができる．ただし，$t = \xi/J$ ($\xi = 0, 1, \cdots, J$) として

$$\begin{aligned} h_0(\xi) &= (1 + 2t)(1 - t)^2 \\ g_0(\xi) &= (1 - t)^2 t \\ h_1(\xi) &= (3 - 2t) t^2 \\ g_1(\xi) &= (t - 1) t^2 \end{aligned} \tag{3.46}$$

とおいている．エルミート補間では，導関数が指定できるため，境界を出発する格子線の傾きを指定できる（たとえば直交させることができる）．

エルミート補間についてもラグランジュ補間と同様に，高次の多項式を用いることにより，領域内の指定点において，位置や傾きが指定された値になるようにすることができる．なお，高次のエルミート補間は

$$r(\xi) = \sum_{j=0}^{n} h_j(\xi) \boldsymbol{r}_{J(j)} + \sum_{j=0}^{n} g_j(\xi) \boldsymbol{r}'_{J(j)}$$

と表せる．

c. 超限補間

　向かい合った2組の辺が曲線の場合を考える．図3.12に示すように1組の辺に対して前述のラグランジュ補間を行うと，他の1組の辺では格子線と境界がずれる．一方，境界でどれだけのずれがあるかは計算できる．なぜなら，もとの境界とラグランジュ補間でつくった境界の各格子点の座標は既知であるからである．そこで，ラグランジュ補間でつくった内部の格子点も，境界でのずれを考慮して順にずらせることを考える．その場合，ずれの量は，境界におけるずれに適当な重みをつけた量になるようにする．具体的には，内部のずれの量は境界でのずれの量から補間を用いて決められる．以上の手続きを式で表すと次のようになる．

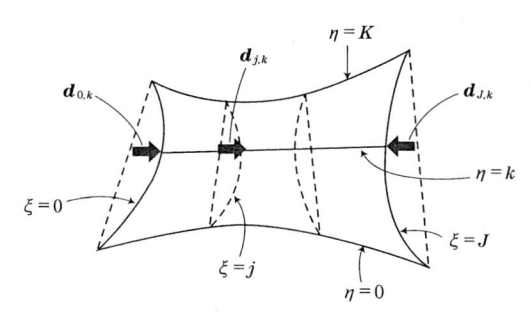

図3.12 超限補間

　各格子点でのずれを $d_{j,k}$ と記すと，境界でのずれは図3.12の場合には

$$d_{0,k} = r_{0,k} - (\varphi_0(k) r_{0,0} + \varphi_1(k) r_{0,K}) \tag{3.47}$$

$$d_{J,k} = r_{J,k} - (\varphi_0(k) r_{J,0} + \varphi_1(k) r_{J,K}) \tag{3.48}$$

となる．ただし，簡単のため1次のラグランジュ補間 (3.40) を用いており，$\varphi_0(k) = 1 - \varphi(k)$，$\varphi_1(k) = \varphi(k)$ としている．これらのずれの量は既知の量である．また，内部の格子点でのずれは

$$d_{j,k} = r_{j,k} - (\varphi_0(k) r_{j,0} + \varphi_1(k) r_{j,K}) \quad (1 \leq j \leq J-1) \tag{3.49}$$

となるが，$r_{j,k}$ は未知であるため，$d_{j,k}$ も未知である．そこで，このずれを境界でのずれを表す式 (3.47)，(3.48) からラグランジュ補間 (3.40) で計算すれば

$$\boldsymbol{d}_{j,k} = \varphi_0(j)\boldsymbol{d}_{0,k} + \varphi_1(j)\boldsymbol{d}_{J,k} \tag{3.50}$$

となる．ずれ $\boldsymbol{d}$ を消去するため，式 (3.47), (3.48), (3.49) を式 (3.50) に代入した上で未知の $\boldsymbol{r}_{j,k}$ について解けば

$$\begin{aligned}\boldsymbol{r}_{j,k} = {}& \varphi_0(k)\boldsymbol{r}_{j,0} + \varphi_1(k)\boldsymbol{r}_{j,K} + \varphi_0(j)\boldsymbol{r}_{0,k} + \varphi_1(j)\boldsymbol{r}_{J,k} \\ & - (\varphi_0(j)\varphi_0(k)\boldsymbol{r}_{0,0} + \varphi_0(j)\varphi_1(k)\boldsymbol{r}_{0,K} + \varphi_1(j)\varphi_0(k)\boldsymbol{r}_{J,0} \\ & + \varphi_1(j)\varphi_1(k)\boldsymbol{r}_{J,K}) \end{aligned} \tag{3.51}$$

となる．これが求める補間になっている．なお，上式を成分で書けば

$$\begin{aligned}x_{j,k} = {}& \varphi_0(k)x_{j,0} + \varphi_1(k)x_{j,K} + \varphi_0(j)x_{0,k} + \varphi_1(j)x_{J,k} \\ & - (\varphi_0(j)\varphi_0(k)x_{0,0} + \varphi_0(j)\varphi_1(k)x_{0,K} \\ & + \varphi_1(j)\varphi_0(k)x_{J,0} + \varphi_1(j)\varphi_1(k)x_{J,K}) \end{aligned} \tag{3.52}$$

$$\begin{aligned}y_{j,k} = {}& \varphi_0(k)y_{j,0} + \varphi_1(k)y_{j,K} + \varphi_0(j)y_{0,k} + \varphi_1(j)y_{J,k} \\ & - (\varphi_0(j)\varphi_0(k)y_{0,0} + \varphi_0(j)\varphi_1(k)y_{0,K} \\ & + \varphi_1(j)\varphi_0(k)y_{J,0} + \varphi_1(j)\varphi_1(k)y_{J,K}) \end{aligned} \tag{3.53}$$

となる．式 (3.52), (3.53) は多方向ラグランジュ補間または超限補間 (transfinite interpolation) とよばれる．

3.3 解析的格子生成法

格子生成法は，境界における格子点の座標という既知の値から内部の未知の格子点の座標を決める手続きであるから，一種の境界値問題と考えることができる．そこでラプラス方程式やポアソン方程式を利用して格子生成を行う方法が考えられる．

図 3.13 に示すような領域に格子をつくってみよう．図の AD を $\xi = 0$, BC を $\xi = J$ として ξ 方向に J 個の格子をつくることを考える．そのためにラプラス方程式の境界値問題

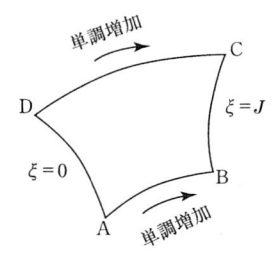

図 3.13 板の熱伝導 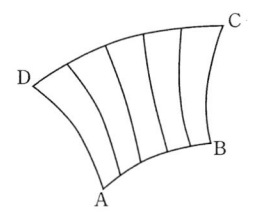 　　**図 3.14** $\xi=$ 一定の等温線 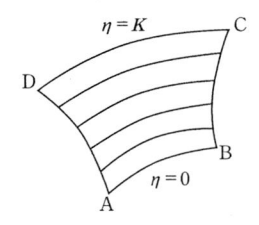 　　**図 3.15** $\eta=$ 一定の等温線

$$\frac{\partial^2 \xi}{\partial x^2}+\frac{\partial^2 \xi}{\partial y^2}=0 \tag{3.54}$$

$$\begin{aligned}&\text{AD 上で}\xi=0,\quad \text{BC 上で}\xi=J\\&\text{AB 上で}\xi=\psi_0(x,y),\quad \text{CD 上で}\xi=\psi_1(x,y)\end{aligned} \tag{3.55}$$

を利用する．ここで，ψ_0,ψ_1 は特に関数形は指定しないが，左の境界で 0，右の境界で J となるような単調増加関数とする．この問題は次のような物理的な意味をもっている．すなわち ξ を温度と解釈した場合，図 3.13 のような形状をもった板を考え，それぞれの辺において境界条件で示された温度分布を与える．そのとき上の境界値問題の解は十分に時間が経過したときの温度分布を表す．そこで，この問題を解いて，1 度ずつの等温線を描いたとすると，図 3.14 のようになると考えられる．これを一群の格子線とする．

同様に図の AB を $\eta=0$，CD を $\eta=K$ として η 方向に K 個の格子をつくるために，次のラプラス方程式の境界値問題を考える．

$$\frac{\partial^2 \eta}{\partial x^2}+\frac{\partial^2 \eta}{\partial y^2}=0 \tag{3.56}$$

$$\begin{aligned}&\text{AB 上で}\eta=0,\quad \text{CD 上で}\eta=K\\&\text{AD 上で}\eta=\varphi_0(x,y),\quad \text{BC 上で}\xi=\varphi_1(x,y)\end{aligned} \tag{3.57}$$

ただし，φ_0,φ_1 は特に関数形は指定しないが，下の境界で 0，上の境界で K となるような単調増加関数である．この問題を解いて等温線を描けば図 3.15 のようになるため，これを η 方向の格子線とする．そこでこの 2 種類の格子線を組み合わせると図 3.16 のような格子が得られる．

ところで，この問題は x,y を与えて ξ,η を求める問題になっている．一方，

図 3.16 ラプラス方程式
による格子生成

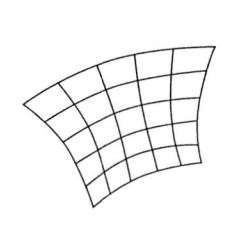

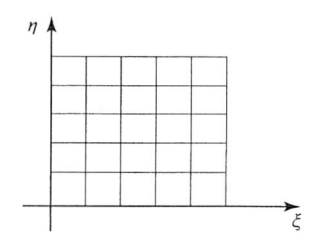

図 3.17 計算面

格子生成に必要なのは，格子点番号を与えたときの x, y の値，すなわち ξ, η を与えた場合の x, y の値である．したがって，方程式 (3.54), (3.56) を1組の方程式と考えて独立変数と従属変数の変換を行う．その結果，

$$\alpha \frac{\partial^2 x}{\partial \xi^2} - 2\beta \frac{\partial^2 x}{\partial \xi \partial \eta} + \gamma \frac{\partial^2 x}{\partial \eta^2} = 0 \tag{3.58}$$

$$\alpha \frac{\partial^2 y}{\partial \xi^2} - 2\beta \frac{\partial^2 y}{\partial \xi \partial \eta} + \gamma \frac{\partial^2 y}{\partial \eta^2} = 0 \tag{3.59}$$

という方程式が得られる．ただし，α, β, γ はすでに式 (3.18) で与えたものである．これらの式は係数 α, β, γ に x, y 両方を含んでいるため，連立偏微分方程式になっている．

式 (3.58), (3.59) に対する境界条件はいろいろ考えられるが，最も簡単には境界で x, y の値を直接与えればよい．これは境界の形が与えられているから常に可能である．具体的には式 (3.58), (3.59) を ξ-η 面で図 3.17 のような格子で解くことになるため，境界の各格子点で x, y の値を指定する．そのために同数の格子点を曲線境界上に配置して，その格子点の x, y 座標を境界条件として与えればよい．

このようなラプラス方程式を基礎にとる方法を用いれば，非常に滑らかな格子が得られる．ただし，差分法では滑らかな格子が偏微分方程式を解く上で必ずしも都合がよい格子であるとは限らない．たとえば，境界で物理量が急激に変化している場合では，境界近くに格子点が多く分布しているのが望ましい．しかし，ラプラス方程式の解はそのようにはならない．こういった場合には，いったんラプラス方程式を用いて格子をつくった後，格子線に沿って代数的な

変換を行って格子を再配置するのが簡単で実用的である．あるいは別の方法として基礎方程式にポアソン方程式を用いる方法も考えられる．すなわち

$$\frac{\partial^2 \xi}{\partial x^2} + \frac{\partial^2 \xi}{\partial y^2} = -P(x, y) \tag{3.60}$$

$$\frac{\partial^2 \eta}{\partial x^2} + \frac{\partial^2 \eta}{\partial y^2} = -Q(x, y) \tag{3.61}$$

を用いる．物理的な解釈を行うと，領域内に P, Q で与えられる熱源を配置することになる．この熱源の大きさを適当に選ぶことにより，等温線の間隔を調整することができる．実際には式 (3.60), (3.61) の独立変数と従属変数の入れ替えを行った

$$\alpha \frac{\partial^2 x}{\partial \xi^2} - 2\beta \frac{\partial^2 x}{\partial \xi \partial \eta} + \gamma \frac{\partial^2 x}{\partial \eta^2} + J^2 \left(P \frac{\partial x}{\partial \xi} + Q \frac{\partial x}{\partial \eta} \right) = 0 \tag{3.62}$$

$$\alpha \frac{\partial^2 y}{\partial \xi^2} - 2\beta \frac{\partial^2 y}{\partial \xi \partial \eta} + \gamma \frac{\partial^2 y}{\partial \eta^2} + J^2 \left(P \frac{\partial y}{\partial \xi} + Q \frac{\partial y}{\partial \eta} \right) = 0 \tag{3.63}$$

が基礎方程式になる．ただし J は式 (3.10) で定義したヤコビアンである．

3.4 種々の格子

図 3.18 に示すような 2 重連結領域で格子をつくる方法を考える．最も単純には図 3.19 のように領域を 2 つに分けてそれぞれの領域で上述の方法を用いればよい．このとき新たな境界として AB, CD が加わるが，境界上の格子は上下の領域で共通にする．このような格子を H 型格子とよぶ．

別のつくり方として図 3.20 (a) に示すように内側境界と外側境界を 1 つの曲線で結ぶ．そしてラプラス方程式あるいはポアソン方程式の境界条件として，図の AB 上で一定値 a, CD 上でも一定値 b (ただし $a < b$ とする) を与え，内側と外側の境界条件として A から D (B から C) に単調に増加する関数を与える．その結果，図 3.21 に示すような格子線ができる．次に境界条件として内側と外側の境界で別々の一定値を与えると図 3.22 に示すような内側の境界を取り囲むような格子線ができる．これらを合わせると図 3.23 のような格子になる．このとき，x-y 面と ξ-η 面との境界の対応関係は図 3.20 (b) のようになる．ここで生成した格子を O 型格子とよぶ．

3.4 種々の格子

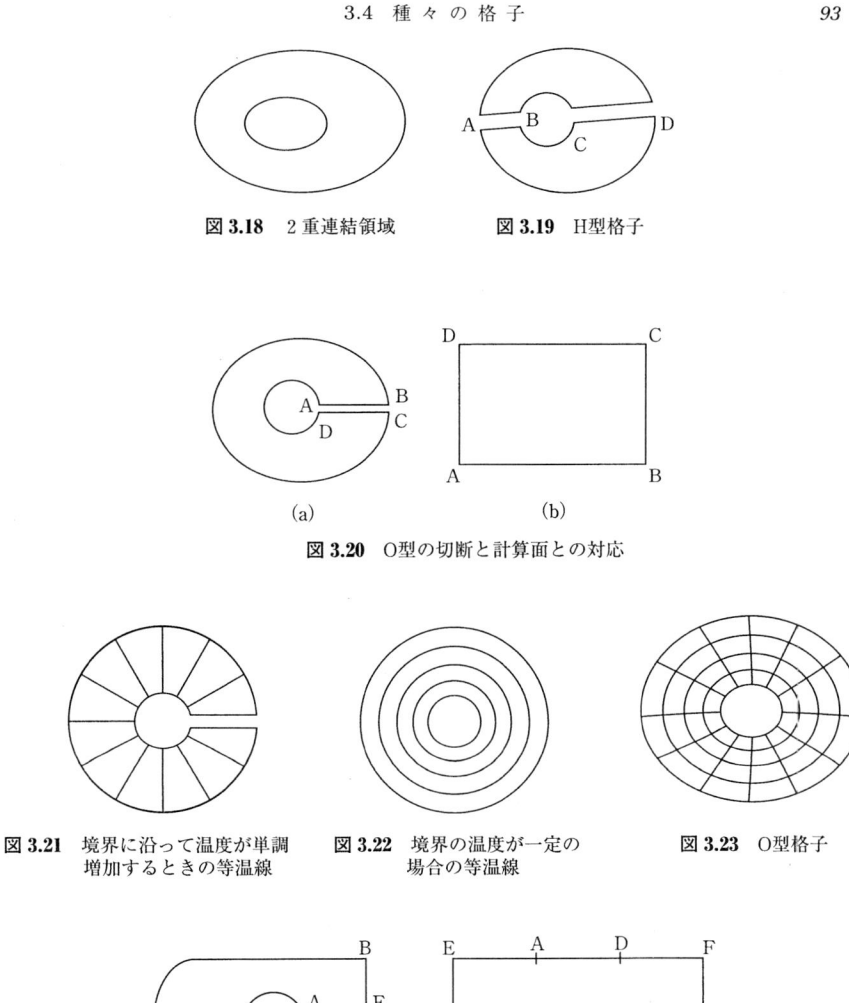

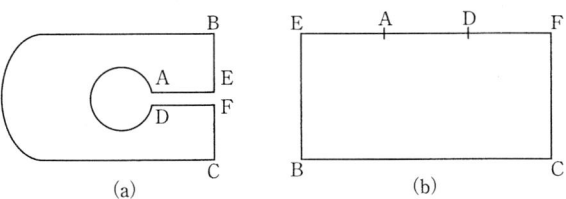

図 3.18 2 重連結領域   **図 3.19** H 型格子

図 3.20 O 型の切断と計算面との対応

図 3.21 境界に沿って温度が単調増加するときの等温線   **図 3.22** 境界の温度が一定の場合の等温線   **図 3.23** O 型格子

図 3.24 C 型の切断と計算面との対応

上の例と同様に1つの曲線で内側と外側を結ぶが，O 型とは異なった格子をつくることも可能である．すなわち，O 型格子では内側の境界を ξ-η 面の1つ

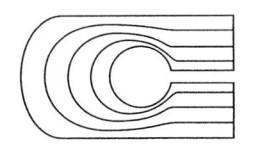

図 3.25 図3.24(b)のBCに平行な格子に対応する格子   **図 3.26** 図3.24(b)のBCに垂直な格子に対応する格子   **図 3.27** C型格子

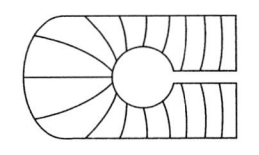

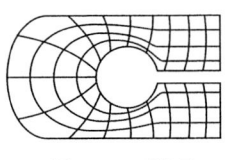

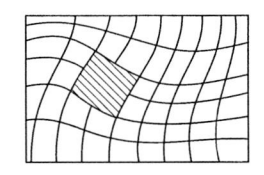

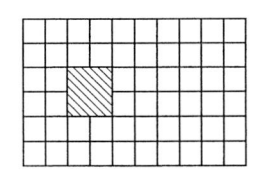

図 3.28 2重連結性を保った格子生成

の辺全体に対応させたが，図 3.24 に示すようにその一部だけに対応させる．$\eta =$ 一定 の格子線は内側境界および新たにつくった境界とは交わらないため，x-y 面では図 3.25 に示すようになる．また $\xi =$ 一定 の格子線は図 3.26 のようになる．これらを組み合わせると図 3.27 のような格子ができる．この格子を C 型格子とよぶ．

そのほか，図 3.28 に示すように 2 重連結領域を 2 重連結領域に対応させることも可能である (L 型格子とよばれる)．

chapter 4 非圧縮性流れの数値計算法

4.1 モデル方程式の数値計算法

非圧縮性の流れを支配する基礎方程式は，流れに外力が働いていないとき，無次元形で

$$\nabla \cdot \boldsymbol{v} = 0 \tag{4.1}$$

$$\frac{\partial \boldsymbol{v}}{\partial t} + (\boldsymbol{v} \cdot \nabla)\boldsymbol{v} = -\nabla p + \frac{1}{Re}\nabla^2 \boldsymbol{v} \tag{4.2}$$

と表される．この2式をあわせて非圧縮性ナビエ・ストークス (Navier-Stokes) 方程式という．ここで，Re はレイノルズ (Reynolds) 数とよばれる無次元数であり，流れの代表的な長さを L，代表的な速さを U，動粘性率を ν としたとき

$$Re = \frac{UL}{\nu} \tag{4.3}$$

で定義される．動粘性率は流体の粘性率を密度で割った数で，空気では $1.5 \times 10^{-5} \mathrm{m}^2/\mathrm{s}$，水では $1.0 \times 10^{-6} \mathrm{m}^2/\mathrm{s}$ 程度の大きさをもつ．動粘性率は実質的に流体の「粘さ」を表すが，この数値から空気の方が水より力学的には粘いことになる．これは，空気の密度が水に比べてずっと小さいためである．式 (4.3) からわかるようにレイノルズ数と動粘性率は逆数関係にあるため，流れのスケールや速さが決まっているときには，レイノルズ数が小さいほど粘い流体の流れになる．すなわち，レイノルズ数の小さい流れを考えるときには蜂蜜や食用油の流れをイメージすればよい．

レイノルズ数の大きさの感覚をつかむため，人間の歩行を例にとってみよう．このとき，代表的な長さを $1.5\,\mathrm{m}$，速さを $1\,\mathrm{m/s}$ としてレイノルズ数を計算す

ると，10000になる．このように日常経験する流れはほとんどがレイノルズ数の大きい流れになっている．

式 (4.1) は質量の保存を表現した式で連続の式とよばれる．一方，式 (4.2) は運動量の保存を表す運動方程式である．式 (4.2) において，左辺は流体の「かたまり」が受ける加速度を表し，右辺はその加速度の原因となる力を表している．右辺の第1項は圧力勾配項であり，流体内で圧力差がある場合にその方向の加速度が生じることを表している．ここで，流体の運動に作用するのは圧力そのものではなく圧力差であることに注意する．たとえば，ある流体のかたまりの左右の面に1気圧と2気圧働いた状態と100気圧と101気圧働いた状態は，流体の物性値が変化しない限り，流体の運動に関しては区別がない．

式 (4.2) の右辺第2項は粘性力を表している．流体に粘性があれば，流体のある部分が動くと他の部分はそれに引きずられて動く．この作用が速度のラプラシアンで表されるということは，平均からのずれという形で力が働くことを意味している．そして，速度はまわりに拡散していくことを表している．レイノルズ数の小さな流れ (粘性の大きな流れ) とは，この拡散の効果が大きな流れと解釈できる．

運動方程式を詳しく調べるため，2次元流れを考えて式 (4.2) の x 成分を書くと

$$\frac{\partial u}{\partial t} + u\frac{\partial u}{\partial x} + v\frac{\partial u}{\partial y} = -\frac{\partial p}{\partial x} + \frac{1}{Re}\left(\frac{\partial^2 u}{\partial x^2} + \frac{\partial^2 u}{\partial y^2}\right) \tag{4.4}$$

となる．

加速度とはある流体のかたまりに対して定義される量であり，式 (4.4) の左辺第1項の $\partial u/\partial t$ とは異なる量である．すなわち，u を t で偏微分するということは，場所を固定した場合の u の時間変化を意味する．流体は流れているため，このような場所を固定した速度の変化は，着目点を通過する流体のかたまりの速度の変化，すなわち異なった流体のかたまり間の速度の変化になる．一方，加速度とは同じ流体のかたまりに対する速度の変化である．

ここで話を少し一般化して，流体に付随し流体とともに動く物理量 F の時間変化を考えよう．位置 (x,y) にあった流体は Δt 後には位置 $(x + u\Delta t, y +$

$v\Delta t)$ にある. ただし, (u,v) は流速である. したがって, F の時間変化 ΔF は

$$\Delta F = F(x+u\Delta t, y+v\Delta t, t+\Delta t) - F(x,y,t)$$

となるが, 右辺第1項をテイラー展開して Δt までの項を残せば $F(x,y,t)$ は消えて

$$\Delta F = \left(\frac{\partial F}{\partial t} + u\frac{\partial F}{\partial x} + v\frac{\partial F}{\partial y}\right)\Delta t$$

となる. ここで, $\Delta t \to 0$ のときの $\Delta F/\Delta t$ の極限を DF/Dt で定義すれば

$$\frac{DF}{Dt} = \lim_{\Delta t \to 0}\frac{\Delta F}{\Delta t} = \frac{\partial F}{\partial t} + u\frac{\partial F}{\partial x} + v\frac{\partial F}{\partial y} \tag{4.5}$$

となる. これが流体に付随した量の微分 (ラグランジュ微分) である.

このように考えると加速度とは流体に付随した速度の微分であり, x 方向の加速度は Du/Dt であることがわかる. 実際, 式 (4.5) において F として u をとれば式 (4.5) は式 (4.4) の左辺と一致する.

運動方程式 (4.4) の特徴を調べるため, y 方向に u は変化しないと仮定し, また圧力勾配項も考えなければ

$$\frac{\partial u}{\partial t} + u\frac{\partial u}{\partial x} = \frac{1}{Re}\frac{\partial^2 u}{\partial x^2} \tag{4.6}$$

というモデル方程式が得られる. この方程式はバーガース (Burgers) 方程式とよばれており, 単純ではあるが流体現象の特徴をある程度表した方程式になっている.

式 (4.6) において Re が小さい場合で, 左辺の第2項が右辺に比べて無視できる場合には単に u に対する1次元拡散方程式になる. この拡散方程式の性質や数値解法については, すでに第2章で議論した. 逆に, Re が大きい場合には右辺が無視できて

$$\frac{\partial u}{\partial t} + u\frac{\partial u}{\partial x} = 0 \tag{4.7}$$

という方程式になる. この方程式を特に非粘性バーガース方程式とよんでいる. 式 (4.7) において $\partial u/\partial x$ の係数を定数 c にすれば1次元移流方程式になり, u

が形を変化させずに速さ c で移動する現象を表す方程式になる．式 (4.7) も本質的に同じ移流現象を表すが，その速さが u であり，そのため方程式が u に対して非線形になっているという点が前に議論した1次元移流方程式と本質的に異なっている．

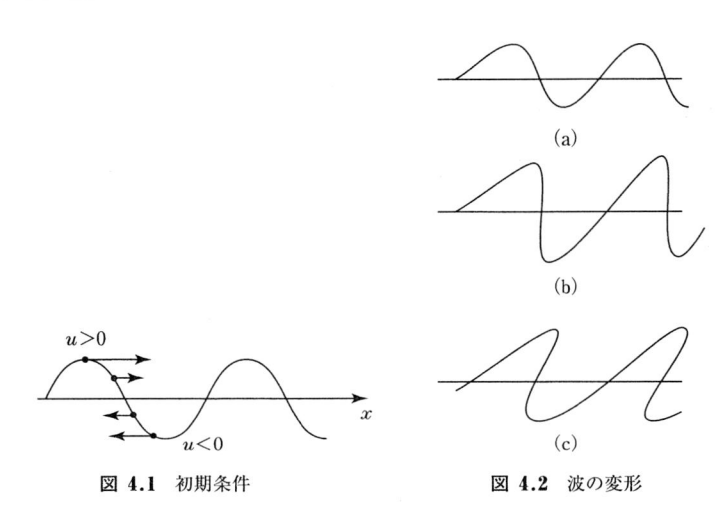

図 4.1 初期条件 **図 4.2** 波の変形

次に移動速度が u であり非線形であるということの物理的な効果を調べてみよう．いま，u が図 4.1 に示すような初期値をもっていたとしよう．1次元移流方程式であれば，この波形が形を変化させずに速さ c で伝わるだけである．一方，非粘性バーガース方程式の場合にはかなり様子が異なる．まず，図の x 軸より上にある部分は $u > 0$ であるため右に伝わるが，x 軸より下の部分では $u < 0$ であるため左に伝わる．さらに u の絶対値が大きいほど伝わる速さが大きくなる．すなわち，山の頂上 (谷の底) 付近の移動速度が x 軸との交点近くよりも移動速度が大きい．そして，x 軸との交点では u は 0 なので移動しないことになる．以上のことをまとめれば，波形は図 4.2 に示すように，徐々に波の「突っ立ち」が起こり，(b) に示すのこぎりの刃のような波形を経て，原理的には (c) に示すような波の「追い越し」が起きることになる (このとき，多価関数になって1つの x の値に対して多くの u が対応するため数値計算は破綻をきたす)．ただし，実際の流体現象では波の追い越しが起きる寸前に，そのような尖った場所では，モデル方程式で無視していた $\partial^2 u/\partial x^2$ の項が大きくなって

強い効果を及ぼすことになる．すなわち，尖った部分は拡散の影響を大きく受けて減衰する．まとめれば，波の追い越しが起きる前に尖った部分が維持されながらその絶対値が徐々に小さくなっていくと考えられる．このような尖った部分（物理量が急激に変化する部分）を衝撃波とよんでいる．波の変形や衝撃波の生成は非線形方程式に特有の現象であって，線形の方程式には現れない．

次にこのような非線形方程式の差分解法を考えてみよう．1次元移流方程式の差分解法のところで述べたが，$c>0$ のときには空間微分として後退差分を使うのが望ましかった．これは，波の伝わる方向を考慮したためで，$c>0$ のとき左側から情報が伝わるからである．したがって，$c<0$ の場合には前進差分を使う必要がある．非粘性バーガース方程式に対しても同じ考え方が有効になるが，この場合，図 4.1 に示したように u は正にも負にもなりうる．したがって，u の正負によって場合分けして

$$\frac{u_j^{n+1}-u_j^n}{\Delta t}+u_j^n\frac{u_j^n-u_{j-1}^n}{\Delta x}=0 \quad (u_j^n \geq 0)$$
$$\frac{u_j^{n+1}-u_j^n}{\Delta t}+u_j^n\frac{u_{j+1}^n-u_j^n}{\Delta x}=0 \quad (u_j^n < 0)$$
(4.8)

とするのが望ましいと考えられる．この差分法は，「上流」側の情報を用いているため，上流差分法（この場合，1次精度なので特に1次精度上流差分法）とよばれている．

実際，1次精度上流差分法で図 4.1 の初期条件を用いて計算した例を図 4.3 に示す．この場合，非粘性バーガース方程式を解いているにもかかわらず数値計算は破綻をきたさず，なおかつ衝撃波が生じるとともに解が減衰している．この理由については次節で述べることにする．

粘性を含んだふつうのバーガース方程式 (4.6) は拡散項が右辺にあるため，あ

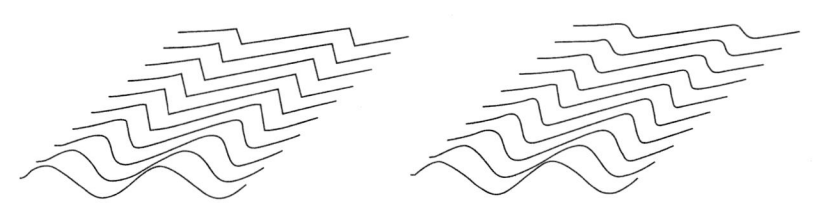

図 4.3 非粘性バーガース方程式（1次精度上流差分）　　**図 4.4** 粘性バーガース方程式

る意味で，非粘性の場合より解きやすくなっている．この場合も，非線形項に上流差分を用いて近似すればよいが，Re が小さければ中心差分を用いた近似

$$\frac{u_j^{n+1} - u_j^n}{\Delta t} + u_j^n \frac{u_{j+1}^n - u_{j-1}^n}{2\Delta x} = \frac{1}{Re} \frac{u_{j+1}^n - 2u_j^n + u_{j-1}^n}{(\Delta x)^2} \tag{4.9}$$

も可能である．図 4.4 は式 (4.9) を近似に用いて $Re = 20$ の場合を計算した結果である．図 4.3 と似たような結果が得られている．

4.2 上流差分法 (その 1)

非線形項 $u\partial u/\partial x$ の働きについてもう一度考えてみよう．バーガース方程式の解 u をフーリエ分解しその 1 つの波数成分

$$u(x,t) = g(t)\sin kx \tag{4.10}$$

に着目する．この項が非線形項により，どのように変化するかを考える．式 (4.10) を非線形項 $u\partial u/\partial x$ に代入すれば，三角関数の公式から

$$u\frac{\partial u}{\partial x} = \{g(t)\}^2 \sin kx \cos kx = \frac{1}{2}\{g(t)\}^2 \sin 2kx$$

となる．すなわち，ある波数の波から 2 倍の波数成分がつくられたことがわかる．もとの方程式は時間発展型なので，時間とともに次々に高波数成分 (短波長成分) が生まれることになる．

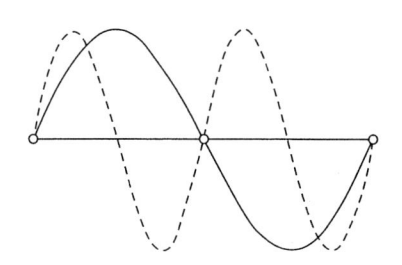

図 4.5 エリアシング

有限長の差分格子では識別できる波数には限度がある．図 4.5 に示した差分格子では，図の実線の波が分解できる最も高波数の波になる．それより高い波

数の波があった場合には，低い波数の波と区別がつかなくなる．図の破線の波がその例で，実線の波と格子点で同じ値をもつため数値計算では同じものとみなされる．このような現象をエリアシングとよんでいるが，それが原因で数値計算上に悪影響を及ぼす．すなわち，高波数部分に波のエネルギーが集中して計算に不安定性（非線形不安定性）が生じる．第2章で述べたように，高い波数の波ほど拡散（粘性）項によって大きな減衰を受けるため，レイノルズ数が小さい場合には高波数成分はもともと存在せず非線形不安定性は問題にならない．しかし，レイノルズ数が大きくなればなるほど影響が強くなる．非線形不安定性を避ける最もよい方法は，最大波数の波が識別される程度の格子を用いることである．ただし，このときレイノルズ数が大きいほど領域全体で細かい格子をとる必要がある．この格子は非常に細かく，1方向におよそレイノルズ数の3/4乗程度の個数の格子が必要であると見積もられている．したがって，3次元の流体計算ではレイノルズ数の9/4乗程度の格子が必要で，あまり大きくない $Re=10000$ の計算でも10億程度の格子が必要になる．

高レイノルズ数流れを，非線形不安定性を回避して計算する方法に前節で述べた上流差分法がある．この上流差分法をもう一度モデル方程式

$$\frac{\partial f}{\partial t} + u\frac{\partial f}{\partial x} = \frac{1}{Re}\frac{\partial^2 f}{\partial x^2} \tag{4.11}$$

を用いて詳しく説明してみよう（$f=u$ にとればバーガース方程式になる）．

前節では，1次精度上流差分法を用いれば非粘性バーガース方程式は一応解けるが，粘性の効果であるはずの衝撃波が生じることをみた．その理由は1次精度上流差分を

$$u\frac{\partial f}{\partial x} = u\frac{f_{i+1}-f_{i-1}}{2\Delta x} - \frac{|u|}{2}\frac{f_{i-1}-2f_i+f_{i+1}}{\Delta x} \tag{4.12}$$

と書き換えれば明らかになる．なお，このように書き換えられることは，絶対値の定義から $u>0$ のとき $|u|=u$，$u<0$ のとき $|u|=-u$ ということを用いれば，ただちに確かめられる．

さて，式 (4.12) の右辺第1項は中心差分近似になっているため，前進差分や後退差分より精度のよい $u\partial f/\partial x$ の近似になっている．ところが，第2項は

$$\frac{|u|\Delta x}{2}\frac{f_{i-1}-2f_i+f_{i+1}}{(\Delta x)^2} \tag{4.13}$$

と書き直せば，2 階微分 (粘性項) の近似になっており，その場合の粘性係数が $|u|\Delta x/2$ であることを意味している．すなわち，1 次精度上流差分を用いることは，もとの方程式に暗黙のうちに粘性項を付け加えていることになっている．しかもその粘性係数が Δx に比例するため，かなり大きな値をもつことになる．言い換えれば非粘性 (あるいは高レイノルズ数) の計算を行うはずが，実際には粘性の効果が大きい低レイノルズ数の計算になっていたことがわかる．

流体の方程式に応用する場合の 1 次精度上流差分法の欠点は，格子が十分に細かくない限り，流れにとって本質的な粘性項の大きさを変化させる点にある．

次に精度を上げた 2 次精度の上流差分法について考えてみよう．この差分法では $u\partial f/\partial x$ を

$$\begin{aligned} u\frac{\partial f}{\partial x} &= u\frac{3f_i - 4f_{i-1} + f_{i-2}}{2\Delta x} \quad (u \geq 0) \\ u\frac{\partial f}{\partial x} &= u\frac{-3f_i + 4f_{i+1} - f_{i+2}}{2\Delta x} \quad (u < 0) \end{aligned} \tag{4.14}$$

で近似する．これは

$$\begin{aligned} u\frac{\partial f}{\partial x} = &u\frac{-f_{i+2} + 4(f_{i+1} - f_{i-1}) + f_{i-2}}{4\Delta x} \\ &+ \frac{|u|(\Delta x)^3}{4}\frac{f_{i-2} - 4f_{i-1} + 6f_i - 4f_{i+1} + f_{i+2}}{(\Delta x)^4} \end{aligned} \tag{4.15}$$

とまとめられる．右辺第 1 項は，f_{i+2} などを点 x_i のまわりにテイラー展開して代入すると

$$u\frac{\partial f}{\partial x} - \frac{1}{3}(\Delta x)^2 u\frac{\partial^3 f}{\partial x^3} + O((\Delta x)^4) \tag{4.16}$$

となる．同様に右辺第 2 項は

$$-\frac{|u|}{4}(\Delta x)^3\frac{\partial^4 f}{\partial x^4} + O((\Delta x)^5) \tag{4.17}$$

となる．したがって，誤差の主要項は式 (4.16) の $(\Delta x)^2$ を含む項 (2 次精度)であり，物理量の 3 階微分に比例していることがわかる．奇数階の微分には拡

散の働きはないため，高波数成分を減衰させない．したがって，2次精度の上流差分法では非線形不安定性は防げないことがわかる．

2次精度上流差分法は u の符号が時間的に変化する場合には，格子点として x_i の左右に2個ずつ，合計5点を使う差分法になっている．同じく5点を使って表現できる上流差分法に3次精度上流差分法がある．これは $u\partial f/\partial x$ を

$$
\begin{aligned}
u\frac{\partial f}{\partial x} &= u\frac{2f_{i+1} + 3f_i - 6f_{i-1} + f_{i-2}}{6\Delta x} \quad (u \geq 0) \\
u\frac{\partial f}{\partial x} &= u\frac{-2f_{i-1} - 3f_i + 6f_{i+1} - f_{i+2}}{6\Delta x} \quad (u < 0)
\end{aligned}
\tag{4.18}
$$

すなわち

$$
\begin{aligned}
u\frac{\partial f}{\partial x} = &u\frac{-f_{i+2} + 8(f_{i+1} - f_{i-1}) + f_{i-2}}{12\Delta x} \\
&+ \frac{|u|(\Delta x)^3}{12}\frac{f_{i-2} - 4f_{i-1} + 6f_i - 4f_{i+1} + f_{i+2}}{(\Delta x)^4}
\end{aligned}
\tag{4.19}
$$

で近似する．テイラー展開を用いて調べると，右辺第1項は

$$
u\frac{\partial f}{\partial x} + O((\Delta x)^4) \tag{4.20}
$$

となり，第2項は式 (4.17) において分母の4を12にしたものである．この場合の誤差の主要項は後者の $(\Delta x)^3$ を含む項 (3次精度) であり，物理量の4階微分に比例している．第2章で述べたように4階微分には拡散の働きがあり，しかも高波数成分を2階微分よりも有効に減衰させる．また拡散の仕方も2階微分とは異なるため，高レイノルズ数の流れにおいて物理的な粘性の効果を覆い隠すことは少ないと考えられる．このように3次精度上流差分法には他の差分法にはみられない種々の利点があるため，高レイノルズ数流れの近似に適していると考えられるが，実際にもそうであることを次章や付録Bで実例を通して示すことにする．なお，より高精度の上流差分も考えられるが，精度を上げると原理的に多くの点を使うことになるため，境界などで困難が起きる．

4.3 上流差分法 (その2)

式 (4.19) の右辺第1項は近似すべき $u\partial f/\partial x$ の高精度の近似になっており，

第 2 項は高波数成分を減衰させる数値粘性項 (人工粘性) になっている. すなわち, 高レイノルズ数流れを近似する有効な差分式は

$$(\text{精度のよい差分近似式}) + (\text{数値粘性}) \tag{4.21}$$

という形をしていればよいと考えられる. そこで, 式 (4.19) の変形として

$$u\frac{\partial f}{\partial x} = u\frac{-f_{i+2} + 8(f_{i+1} - f_{i-1}) + f_{i-2}}{12\Delta x}$$
$$+ \alpha\frac{|u|(\Delta x)^3}{12}\frac{f_{i-2} - 4f_{i-1} + 6f_i - 4f_{i+1} + f_{i+2}}{(\Delta x)^4} \tag{4.22}$$

という形の差分式を用いることもできる. ここで α は数値粘性の大きさを調節するパラメータであり, もちろん大きくとればとるほど数値粘性も大きくなる. またパラメータとしては必ずしも定数である必要はなく, 場所や時間によって変化してもよい. その決め方には物理的な考察や数値的な考察からいろいろな可能性があると思われるが, もとの 3 次精度上流差分のように格子を細かくすればするほど数値粘性の効果が少なくなるものが望ましい.

さて, 3 次精度上流差分は図 4.6 (a) に示すように着目点 P を中心として上下左右に片側に 2 格子離れた点の値まで必要とする. 一方, たとえば点 A より点 P に近い点 B の影響は, ある時刻における 1 つの差分近似式に着目する限り, 考慮されないことになる. もちろん, 点 B の影響はたとえば図の点 C, D

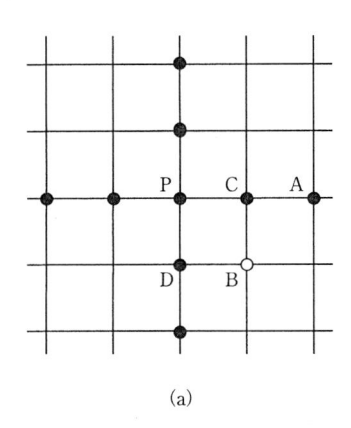

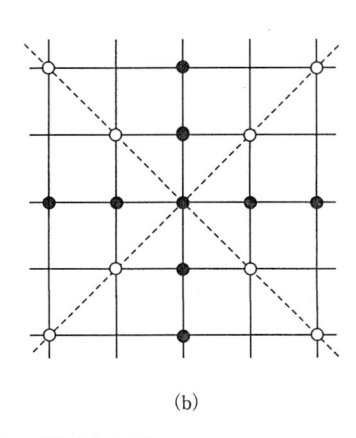

図 4.6 多方向上流差分 (点線は副格子を表す)

に取り込まれるため，次の時刻 (Δt 後) において点 P に影響を及ぼすことになる．しかし，Δt を大きくとる場合には，時間差のない状態で点 B など点 P に隣接した点の影響が考慮されるような上流差分近似を用いるのが望ましいと考えられる．そこで，斜めの点が考慮できるような上流差分近似を考えることにする．この場合，図 4.6 (a) の格子とは別に図 4.6 (b) の点線で示したような副格子を考え，この格子で 3 次精度上流差分を構成することにする．前述のとおり，図 4.6 (b) の実線の格子に対しては

$$D_1 = u\frac{\partial f}{\partial x} = u_{i,j}\frac{-f_{i+2,j} + 8(f_{i+1,j} - f_{i-1,j}) + f_{i-2,j}}{12h}$$
$$+ |u_{i,j}|\frac{f_{i-2,j} - 4f_{i-1,j} + 6f_{i,j} - 4f_{i+1,j} + f_{i+2,j}}{12h} \quad (4.23)$$

と近似される．この式および図 4.6 (b) の点線上の格子の間隔が $\sqrt{2}\,h$ であることを考慮すれば，点線で表された格子に対して 3 次精度上流差分は

$$D_2 = u\frac{\partial f}{\partial x} = u_{i,j}\frac{-f_{i+2,j+2} + 8(f_{i+1,j+1} - f_{i-1,j-1}) + f_{i-2,j-2}}{12\sqrt{2}\,h}$$
$$+ |u_{i,j}|\frac{f_{i-2,j+2} - 4f_{i-1,j+1} + 6f_{i,j} - 4f_{i+1,j-1} + f_{i+2,j-2}}{12\sqrt{2}\,h}$$
$$(4.24)$$

と近似される．そこで，点線で表された格子のほうが広い格子間隔で影響が少ないことを考慮して，$u\partial f/\partial x$ を D_1 と D_2 に対して $2:1$ の重みをつけて平均をとった値で近似する．すなわち，差分近似式として

$$u\frac{\partial f}{\partial x} = \frac{2}{3}D_1 + \frac{1}{3}D_2 \quad (4.25)$$

を用いる．ここで，D_1 と D_2 はそれぞれ式 (4.23) と (4.24) である．式 (4.25) を 2 次元の多方向上流差分という．同様に考えれば 3 次元の多方向上流差分もつくることができる．

いままでの議論は空間微分の近似に対して行ってきたが，高レイノルズ数の流れの計算を行うためには時間微分項に対しても誤差の効果を考える必要がある．すなわち，高レイノルズ数の流れではもともと粘性率が小さいため，差分法によって暗に含まれてしまう誤差が，物理的な粘性を変化させるものであれ

ば結果が大きく異なってしまう可能性がある．

$\partial f/\partial t$ を前進差分

$$\frac{f^{n+1} - f^n}{\Delta t} \tag{4.26}$$

で近似した場合を例にとろう．f^{n+1} を時間 t_n のまわりにテイラー展開すると

$$f^{n+1} = f^n + \Delta t \frac{\partial f}{\partial t} + \frac{(\Delta t)^2}{2} \frac{\partial^2 f}{\partial t^2} \tag{4.27}$$

となる．ここで，時間微分項をもとの微分方程式を用いて近似的に

$$\frac{\partial^2 f}{\partial t^2} = -u \frac{\partial}{\partial x} \frac{\partial f}{\partial t} = -u \frac{\partial}{\partial x} \left(-u \frac{\partial f}{\partial x} \right) = u^2 \frac{\partial^2 f}{\partial x^2} \tag{4.28}$$

で評価すれば ($u\partial f/\partial x$ の係数 u を定数とみなしている)

$$\frac{\partial f}{\partial t} + u \frac{\partial f}{\partial x} = -u^2 \Delta t \frac{\partial^2 f}{\partial x^2} \tag{4.29}$$

となる．このことは，時間に対する前進差分は移流方程式に負の粘性率を導入することを意味している．一般に，時間刻み幅は空間刻み幅よりかなり小さくとるため，空間微分に対する影響ほど大きくはないが，精密な計算を行うときには高次精度の差分法を選ぶ必要がある．そのなかで比較的使いやすい差分近似法に第1章で述べたアダムス・バッシュフォース法がある．

4.4 非圧縮性ナビエ・ストークス方程式の特徴

ナビエ・ストークス方程式 (4.1), (4.2) の形の上での特徴をみておこう．最も大きな特徴は前節でも述べたが，加速度項に起因する非線形項 $(\boldsymbol{v} \cdot \nabla)\boldsymbol{v}$ の存在であり，この項が高波数成分を生み出して，高レイノルズ数の計算の場合に非線形不安定性の原因になった．非線形不安定性を回避するためには，(非現実的なほど) 十分に細かい格子を用いた計算をするか，上流差分法など内部的に高波数成分を減衰させる機構をもった差分法を用いる必要があった[注7]．

注7：実際の高レイノルズ数の流れでは，流れは乱流になっている．乱流の計算では乱流モデルがよく使われるが，乱流モデルは形の上ではナビエ・ストークス方程式の粘性係数（したがってレイノルズ数）を小さくする働きをする．この意味から乱流モデルは高波数成分を2階微分項によって落とす機構をもっているといえる．

4.4 非圧縮性ナビエ・ストークス方程式の特徴

2番目の特徴は，ナビエ・ストークス方程式が方程式の最高階の微分係数に（レイノルズ数の逆数の形の）パラメータを含んでいる点である．次にこの点についてモデル方程式

$$\frac{1}{Re}\frac{d^2u}{dx^2} - \frac{du}{dx} = 0 \tag{4.30}$$

を用いて考えてみよう．この方程式はナビエ・ストークス方程式の x 成分の式において $v=0$ とおき，圧力項と時間微分項を0とし，さらに非線形項 $u\partial u/\partial x$ の係数部分の u を1とおいたものである．この常微分方程式を区間 $[0,1]$ において，境界条件

$$u(0) = 1, \quad u(1) = 0 \tag{4.31}$$

のもとで解いてみよう．式 (4.30) は定数係数の線形2階常微分方程式であるため簡単に解けて，一般解は

$$u = ae^{xRe} + b \tag{4.32}$$

であることがわかる．そして，境界条件 (4.31) から任意定数を定めると求める解として

$$u = \frac{e^{Re} - e^{xRe}}{e^{Re} - 1} \tag{4.33}$$

が得られる．パラメータ Re（レイノルズ数）の大小によって式 (4.33) を図示したものが図 4.7 である．

レイノルズ数が大きいとき，もとの方程式は

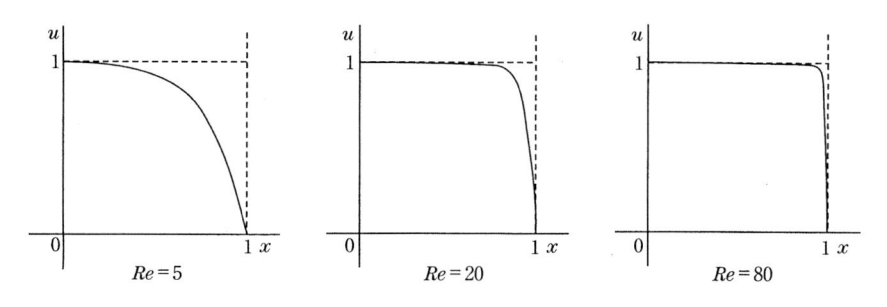

図 4.7 式 (4.33) のグラフ

$$\frac{du}{dx} = 0 \tag{4.34}$$

と近似できそうであるが，その場合には微分方程式の階数が下がるため境界条件をそのまま課すことができない．すなわち，もとの方程式にはレイノルズ数が大きくなれば無視してもよい項があるが，境界条件はそういった形をしていない．そこで $x=1$ での境界条件を課さずに解くと，式 (4.34) の解は

$$u = 1$$

となる．この解も図 4.7 に点線で図示している．確かにレイノルズ数が大きくなるに従い，もとの方程式の解は領域の大部分で 1 階微分方程式 (4.34) の解に近づく．しかし $x=1$ の近くでは解はまったく異なる．この部分はレイノルズ数の増加にともない狭くなるが，決してなくならない．

この事情はナビエ・ストークス方程式でも同じである．すなわち，物体境界の近くでは粘着条件（物体と流れの間には相対速度がないという条件）を課す必要があるため，そこでは 2 階微分をなくした方程式（オイラー方程式）の解とはまったく異なることがある．このような物体近くで解（速度）が急激に変化する部分を境界層とよんでいる．境界層は上の議論からレイノルズ数が大きくなればなるほど薄くなるが，決してなくならない．

薄い境界層は無視して差し支えないと考えがちである．実際，流れが物体に沿って流れる流線形の物体まわりの流れでは，境界層の有無は流れ場全体に大きな影響を及ぼさない．しかし，流れが剥離するような円柱まわりの流れなどでは，流れを正確に計算するためには境界層の部分も精密に計算する必要がある．なぜなら，境界層の剥離の位置によって流れが大きく変化し，それにより物体に働く抵抗などマクロな量まで影響されるからである．したがって，レイノルズ数が大きくなればなるほど粘着条件を課す必要のある境界付近では，特に境界に垂直な方向に格子を細かくとる必要がある．

ナビエ・ストークス方程式の 3 番目の特徴として，いままでの議論では無視してきた圧力項の存在があげられる．この圧力項は，特に非圧縮性の流れでは特別の取り扱いを必要とする．なぜなら，ナビエ・ストークス方程式 (4.1), (4.2) は速度に関しては時間発展的である（式 (4.2) に時間微分項がある）のに対し

4.4 非圧縮性ナビエ・ストークス方程式の特徴

て，圧力に関しては時間発展的ではないからである．式 (4.2) においてもし圧力を不正確に決めた上で，時間発展させて次の時刻における速度を計算すると，その速度場はもはや連続の式 (4.1) を満足しない．言い換えれば，圧力は速度を時間発展させる場合の拘束条件として作用し，次の時刻の速度が連続の式を満足するように圧力を決める必要がある．

もともと，すべての流体には多少とも圧縮性がある．圧縮性の方程式では圧力を時間発展させることが可能であり，形の上では非圧縮性の方程式より複雑であっても，取り扱いはむしろ単純である．すなわち，初期条件を与えた上で (境界条件を考慮しながら) 速度および圧力 (密度) を時間発展させればよい．そこで，非圧縮性の方程式を使わずにすべての流れを，圧縮性のナビエ・ストークス方程式を数値的に解いて求めればよいという考え方もできる．しかし，これは以下に述べる理由からよい方法とはいえない．

流れの圧縮性の効果は，代表的な流速 U と音速 C の比であるマッハ数 (実際はマッハ数の 2 乗) $M (= U/C)$ で計られる．そしてマッハ数が小さいほど非圧縮性の流れに近づくことになる[注8]．圧縮性の効果に音速が関係するのは，圧力 (密度) 変動 (すなわち音波) が音速で伝わることに起因している．そして，圧縮性が無視できるということは，流速の変動が起きるよりもずっと速く圧力変動が領域全体に伝わっていることを意味する．同じ流速で考えるとマッハ数が大きくなることは音速が大きくなることであり，完全な非圧縮性流れとは音速が無限大の流れともいえる．ここで圧縮性の方程式を用いてマッハ数の小さい流れを取り扱うときの問題点が明らかになる．すなわち，圧縮性の方程式では音波も一緒に解くため，数値計算の安定性を左右する速さとして音速が基準になる．したがって，非圧縮性に近づくほど (音速が速くなるため) 時間刻み幅を非現実なほど小さくとらなければならず，非常に効率の悪い方法になってしまう．

そこで，非圧縮性の流れに対しては，圧力変動が一瞬に伝わるということを表に出した非圧縮性ナビエ・ストークス方程式を正面から解く方法が必要になる．具体的な方法は次節で述べる．

注 8：一般にマッハ数が 0.3 以下だと圧縮性の効果は 1 割未満となり，無視して差しつかえない．これは空気の流れでは時速 300 km (水の流れではおよそその 4 倍の速度) 以下となるため，日常経験する流れはほとんど非圧縮性とみなせる．

4.5 MAC系の解法

非圧縮性流れの標準的な数値解法に，MAC法[注9]に代表されるMAC系の解法がある．これは速度と圧力を分離して解く方法で，連続の式 (4.1) が厳密にではなく近似的にしか満足されないという欠点があるが，簡単で使いやすい方法である．本節では，その中で，オリジナルのMAC法，SMAC (Simplified MAC) 法，フラクショナル・ステップ法などについて説明する．

a. MAC法 (その1)

はじめにMAC法について説明する．式 (4.2) の時間微分項を速度について前進差分で近似すれば，

$$\frac{\bm{v}^{n+1} - \bm{v}^n}{\Delta t} + (\bm{v}^n \cdot \nabla)\bm{v}^n = -\nabla p^{n+1} + \frac{1}{Re}\nabla^2 \bm{v}^n$$

すなわち，

$$\bm{v}^{n+1} = \bm{v}^n + \Delta t\left\{-(\bm{v}^n \cdot \nabla)\bm{v}^n - \nabla p^{n+1} + \frac{1}{Re}\nabla^2 \bm{v}^n\right\} \quad (4.35)$$

となる．ただし，圧力が未知であることを強調するため上添字は $n+1$ にしている．この圧力を求めるために連続の式 (4.1) を利用する．すなわち，式 (4.35) の両辺の発散をとる．

$$\nabla \cdot \bm{v}^{n+1} = \nabla \cdot \bm{v}^n + \Delta t\left[-\nabla \cdot \{(\bm{v}^n \cdot \nabla)\bm{v}^n\} - \nabla^2 p^{n+1} + \frac{1}{Re}\nabla^2(\nabla \cdot \bm{v}^n)\right] \quad (4.36)$$

このとき，左辺は0になる．一方，右辺の第1項と最終項も連続の式から0になるはずであるが，数値計算では常に誤差があることと，この項が $\bm{v}^n$ から計算できるという理由から，そのまま残しておく．このようにすることにより，現時点 (n ステップ) で誤差があったとしても次の時点 ($n+1$ ステップ) ではそ

注9：MAC法とは marker and cell method の略で，もともとは水面など自由表面を含む問題を解くことを意識して開発された方法である．自由表面上の境界条件は圧力に関する条件になるため，未知数として，圧力と速度を用いる必要がある．名前のもとになっているマーカーやセルは自由表面を表現するための副次的なものであるため，MAC法という名前は，圧力と速度を分離して取り扱うというこの解法の本質部分を代表させた名前にはなっていない．

の誤差も考慮に入れて連続の式が満足されるようになる．言い換えれば，時間ステップが進行しても誤差を小さくとどめておくことができる．式 (4.36) を

$$\nabla^2 p^{n+1} = \nabla \cdot \boldsymbol{v}^n/\Delta t - \nabla \cdot \{(\boldsymbol{v}^n \cdot \nabla)\boldsymbol{v}^n\} + \frac{1}{Re}\nabla^2(\nabla \cdot \boldsymbol{v}^n) \qquad (4.37)$$

と書き換えると，これは未知の圧力に関するポアソン方程式になっていることがわかる．右辺は現時点での速度から計算できるため，この方程式を解くことによって圧力が決定できる．なお，式 (4.37) の右辺において第1項と第3項を比較すると，第1項は小さな値である Δt が分母にあるため，第3項より圧倒的に大きい．したがって，第3項を省略して

$$\nabla^2 p^{n+1} = \nabla \cdot \boldsymbol{v}^n/\Delta t - \nabla \cdot \{(\boldsymbol{v}^n \cdot \nabla)\boldsymbol{v}^n\} \qquad (4.38)$$

としてもほとんど差がない．

以上をまとめると，MAC法ではある時間ステップ n での速度を用いて式 (4.37) または式 (4.38) の右辺を計算して，このポアソン方程式を解いて圧力を決める．次にこの圧力と n ステップの速度から，式 (4.35) を用いて次の時間ステップでの速度を求める．この手順を時間発展的に繰り返して，初期条件から始めて各時刻の速度，圧力を順次計算する．

MAC系の解法では境界条件は速度と圧力について課す必要がある．速度に対しては，物体表面上では粘着条件を課す．したがって，物体が静止している場合には速度ベクトルは0になる．流体が領域に流入している場合には，その流入境界で流入速度をそのまま与える．流体が領域から流出していく場合には，流出速度がわかっていればそれを与えればよいが，ふつうは流出速度はわからない．そのような場合には，近似ではあるが，速度の主流方向の微分が0という条件を課すことが多い．圧力に関する条件は，ナビエ・ストークス方程式を用いて速度の境界条件から導く．この場合，方程式の形から圧力そのものではなく，圧力勾配の値が課される．この条件を最も簡略化すれば，境界において境界と垂直方向の圧力勾配が0という条件になるが，たいていの場合これで十分である．

b. MAC 法 (その 2)

前項で述べた MAC 法について再度考える．ナビエ・ストークス方程式 (4.2) は

$$\boldsymbol{w} + \nabla p = -(\boldsymbol{v} \cdot \nabla)\boldsymbol{v} \tag{4.39}$$

ただし

$$\boldsymbol{w} = \frac{\partial \boldsymbol{v}}{\partial t} - \frac{1}{Re}\nabla^2 \boldsymbol{v} \tag{4.40}$$

と書き換えられる．このとき連続の式 $\nabla \cdot \boldsymbol{v} = 0$ を考慮すれば

$$\nabla \cdot \boldsymbol{w} = 0 \tag{4.41}$$

となる．さらに，ベクトル解析の公式から (任意の関数 p に対して)

$$\nabla \times \nabla p = 0 \tag{4.42}$$

が成り立つ．

一方，任意のベクトル場 $\boldsymbol{F}$ は

$$\boldsymbol{F} = \boldsymbol{F}_s + \boldsymbol{F}_i \tag{4.43}$$

ただし

$$\nabla \cdot \boldsymbol{F}_s = 0, \quad \nabla \times \boldsymbol{F}_i = \boldsymbol{0}$$

と分解できることが知られている (ヘルムホルツ (Helmholtz) 分解)．ここで $\boldsymbol{F}_s$ は管状ベクトル (ソレノイダル部分), $\boldsymbol{F}_i$ は非回転ベクトル (非回転部分) とよばれる．式 (4.39), (4.41), (4.42), (4.43) から，$\boldsymbol{w}$ および ∇p は非線形項を表すベクトル $-(\boldsymbol{v} \cdot \nabla)\boldsymbol{v}$ のソレノイダル部分と非回転部分に対応していることがわかる．

そこで，この非線形項がヘルムホルツ分解できれば，もとの方程式から圧力項を分離することができる．ヘルムホルツ分解する方法として式 (4.43) の両辺の発散をとって

$$\nabla \cdot \boldsymbol{F} = \nabla \cdot \boldsymbol{F}_i$$

を用いる方法がある．これを式 (4.39) に適用すれば

4.5 MAC 系の解法

$$\nabla^2 p = -\nabla \cdot (\boldsymbol{v} \cdot \nabla) \boldsymbol{v} \tag{4.44}$$

となる．この方程式を解けば右辺の速度場に対する圧力場が決定でき，さらに $\boldsymbol{w}$ から式 (4.40) を用いて次の時間ステップでの速度が求まることになる．

ここで，もし式 (4.44) が厳密に解けたとすると，

$$\nabla \cdot \boldsymbol{w} = 0 \tag{4.45}$$

も厳密に成り立つ．一方，連続の式から要請されるのは

$$D = \nabla \cdot \boldsymbol{v} = 0 \tag{4.46}$$

である．式 (4.45) と (4.46) には差がある．なぜなら，$\boldsymbol{v}$ が連続の式を満たせば式 (4.45) は成り立つが，逆に式 (4.45) が成り立っても必ずしも式 (4.46) が成り立つとは限らないからである．すなわち，式 (4.45) は

$$\nabla \cdot \boldsymbol{w} = \frac{\partial D}{\partial t} - \frac{1}{Re} \nabla^2 D = 0 \tag{4.47}$$

を意味するだけである．もちろん，D が初期に 0 であり，境界でも $D = 0$ を保つことができれば，式 (4.47) は $D = 0$ を意味する．しかし，多くの場合，$D = 0$ を満足する初期条件・境界条件を与えるのは難しい．さらに数値計算では必ず誤差が入るため式 (4.47) から $D = 0$ と結論するのは危険である．

一般に，非圧縮性流体の流れの計算でまずおさえるべき点は，連続の式が満足されるかどうかであり，成り立つことが保証されなければ信頼できる解はとうてい得られない．したがって，非圧縮性流れの解法では，陽的あるいは陰的に D が常に十分に小さくなるような形になっている必要がある．

この点を考慮して，式 (4.40) の発散をとるとき，$D = \nabla \cdot \boldsymbol{v} = 0$ とせずにとりあえず残しておく．その上で，たとえば後退差分で近似すると

$$\nabla \cdot \boldsymbol{w} = \frac{D^{n+1} - D^n}{\Delta t} - \frac{1}{Re} \nabla^2 D^{n+1}$$

となるため，この式において $D^{n+1} = 0$ とおく．ただし，D^n は誤差を含んでいるため残しておく．このようにすれば，現時点で D^n は 0 でなくても次の時間ステップで $D^{n+1} = 0$ となるようなヘルムホルツ分解ができると考えられる．以上の考察から，式 (4.44) のかわりに

$$\nabla^2 p = -\nabla \cdot (\boldsymbol{v} \cdot \nabla)\boldsymbol{v} + \frac{D^n}{\Delta t} \tag{4.48}$$

を用いれば，常に次の時間ステップで D を小さい値にとどめるような機構をもつ計算方法が得られる．式 (4.48) は前項で述べた MAC 法になっている．

非線形項のヘルムホルツ分解は，次のような反復式を用いても可能である．

$$\begin{aligned}\boldsymbol{w}^{(\nu)} &= \boldsymbol{F} - \nabla p^{(\nu)} \\ p^{(\nu+1)} &= p^{(\nu)} - \varepsilon \nabla \cdot \boldsymbol{w}^{(\nu)}\end{aligned} \tag{4.49}$$

ここで $\boldsymbol{F} = (\boldsymbol{v} \cdot \nabla)\boldsymbol{v}$, ε は定数である．理由は，もし反復が収束すれば $p^{(\nu+1)}$ と $p^{(\nu)}$ は等しくなり，その結果，$\nabla \cdot \boldsymbol{w} = 0$ となるからである．収束するかどうかは ε の大きさによる．その大きさを見積もるため，式 (4.49) の第 1 式を第 2 式に代入すると

$$\frac{p^{(\nu+1)} - p^{(\nu)}}{\varepsilon} = \nabla^2 p^{(\nu)} - \nabla \cdot \boldsymbol{F} \tag{4.50}$$

という式が得られる．この式は ν を時間ステップ数，ε を時間刻みとみなせば，熱源項をもつ熱伝導方程式を陽解法で解くことに相当する．したがって，式 (4.50) の安定条件を破らないように ε を選べば，反復 (4.49) は収束することがわかる．ただし，この方法を用いても $\nabla \cdot \boldsymbol{w} = 0$ が必ずしも $\nabla \cdot \boldsymbol{v} = 0$ を意味しないという MAC 法と同じ問題が起きる．そこで式 (4.49) の第 2 式を

$$p^{(\nu+1)} = p^{(\nu)} - \varepsilon \nabla \cdot \left(\boldsymbol{w}^{(\nu)} + \frac{\boldsymbol{v}}{\Delta t}\right) \tag{4.51}$$

と修正すると MAC 法と同様に常に D を小さな値にとどめておくことができる．

まとめるとナビエ・ストークス方程式を解くためには，ある時刻の速度を用いて $\boldsymbol{F}$ を計算し，式 (4.49) の 1 番目の式と式 (4.51) により反復を行って圧力と $\boldsymbol{w}$ の収束値を得る．そして，求まった $\boldsymbol{w}$ から式 (4.40) を用いて次の時刻の速度を計算すればよい．

c. SMAC 法

この方法は MAC 法と同様に，時間ステップ n の速度と圧力を用いて，ナビエ・ストークス方程式 (4.2) をオイラー陽解法を用いて時間発展させる．

4.5 MAC系の解法

$$\bar{v} = v^n + \Delta t \left\{ -(v^n \cdot \nabla)v^n - \nabla p^n + \frac{1}{Re}\nabla^2 v \right\} \tag{4.52}$$

ここで，圧力に誤差がある場合には $\bar{v}$ は連続の式を満足しない．そこで，非回転の速度場 v' を用いて

$$v^{n+1} = \bar{v} + v' \tag{4.53}$$

と書いた上で，

$$\nabla \cdot v^{n+1} = 0 \tag{4.54}$$

となるように v' を決める．v' は非回転と仮定したため，ベクトル解析の理論からスカラーポテンシャル ϕ が存在して

$$\nabla \phi = v' \tag{4.55}$$

と書ける．このとき，式 (4.54) は

$$\nabla \cdot v^{n+1} = \nabla \cdot (\bar{v} + \nabla \phi) = \nabla \cdot \bar{v} + \nabla^2 \phi = 0$$

すなわち

$$\nabla^2 \phi = -\nabla \cdot \bar{v} \tag{4.56}$$

となる．このポアソン方程式を解いて，スカラーポテンシャル ϕ を求めれば，式 (4.55) を介して式 (4.53) から次の時間の速度が求まる．

圧力については次のように考える．次の時間ステップの圧力は圧力の変化量 p' を用いて

$$p^{n+1} = p^n + p' \tag{4.57}$$

と書けるが，式 (4.52) の p^n を p^{n+1} で置き換えたものが正しい速度場 v^{n+1} を与えるため，式 (4.52) を考慮して

$$\begin{aligned}
v^{n+1} &= v^n + \Delta t \left\{ -(v^n \cdot \nabla)v^n - \nabla p^{n+1} + \frac{1}{Re}\nabla^2 v \right\} \\
&= \bar{v} - \Delta t \nabla p'
\end{aligned} \tag{4.58}$$

となる．ここで v^{n+1} は連続の式を満たすため，この式の発散をとって

$$0 = \nabla \cdot \boldsymbol{v}^{n+1} = \nabla \cdot \bar{\boldsymbol{v}} - \Delta t \nabla^2 p'$$

すなわち,

$$\nabla^2 p' = \frac{\nabla \cdot \bar{\boldsymbol{v}}}{\Delta t}$$

となる．この式と式 (4.56) から

$$\nabla^2 \phi = -\Delta t \nabla^2 p'$$

すなわち

$$p' = -\frac{\phi}{\Delta t}$$

が得られる．したがって，式 (4.57) から

$$p^{n+1} = p^n - \frac{\phi}{\Delta t} \tag{4.59}$$

となる．

まとめると，SMAC 法では，式 (4.52) から $\boldsymbol{v}^n$ と p^n を用いて $\bar{\boldsymbol{v}}$ を求める．次にスカラーポテンシャル ϕ に対するポアソン方程式 (4.56) を解いて ϕ を求める．$\boldsymbol{v}^{n+1}$ は式 (4.55) から $\boldsymbol{v}'$ を求めた上で式 (4.53) から計算し，p^{n+1} は式 (4.59) から計算する．

なお，SMAC 法では ϕ に対する境界条件が必要になるが，通常は式 (4.55) または式 (4.59) から決める．たとえば固定壁面では $\boldsymbol{v}' = 0$ であるため，式 (4.55) から

$$\nabla \phi = 0$$

となり，圧力が指定された境界では式 (4.59) から

$$\phi = 0$$

となる．

d. フラクショナル・ステップ法

本項ではフラクショナル・ステップ法を説明する．式 (4.2) から圧力項を取り除いた式を考える．MAC 法と同様に，この式の時間微分項を前進差分で近

4.5 MAC系の解法

似すれば

$$\frac{\bm{v}^* - \bm{v}^n}{\Delta t} + (\bm{v}^n \cdot \nabla)\bm{v}^n = \frac{1}{Re}\nabla^2 \bm{v}^n$$

すなわち,

$$\bm{v}^* = \bm{v}^n + \Delta t \left\{ -(\bm{v}^n \cdot \nabla)\bm{v}^n + \frac{1}{Re}\nabla^2 \bm{v}^n \right\} \tag{4.60}$$

となる．ここで，$\bm{v}^*$ は Δt 後の速度ベクトルと類似しているが，運動方程式を解いて得られたものではないため，仮の速度という意味で $*$ をつけている．

圧力はこの仮の速度を用いて，次のポアソン方程式から決める．

$$\nabla^2 p = \frac{\nabla \cdot \bm{v}^*}{\Delta t} \tag{4.61}$$

さらに，次の時間ステップでの速度 $\bm{v}^{n+1}$ は圧力および仮の速度から

$$\bm{v}^{n+1} = \bm{v}^* - \Delta t \nabla p \tag{4.62}$$

を用いて決める．式 (4.61), (4.62) の意味は次のとおりである．式 (4.60) を式 (4.62) に代入すれば，運動方程式 (4.2) の時間微分を前進差分で近似した方程式に一致する (オイラー陽解法)．一方，式 (4.62) の両辺の発散をとれば，連続の式 (4.1) から $\nabla \cdot \bm{v}^{n+1} = 0$ となるため

$$0 = \nabla \cdot \bm{v}^{n+1} = \nabla \cdot \bm{v}^* - \Delta t \nabla^2 p$$

となる．この式は式 (4.61) と同じものである．

以上をまとめると，フラクショナル・ステップ法ではある時間ステップでの速度を用いて式 (4.60) から仮の速度 $\bm{v}^*$ を求め，次に式 (4.61) のポアソン方程式から圧力を計算する．そして，仮の速度と圧力から，式 (4.62) を用いて次の時間ステップでの速度 $\bm{v}^{n+1}$ を求める．この手順を時間発展的に繰り返して，初期条件から始めて各時刻の速度，圧力を順次計算する．

chapter 5 計算例

5.1 レイノルズ数による流れの違い

　非圧縮性流れを特徴づける最も重要なパラメータの1つが，レイノルズ数である．レイノルズ数による流れの違いをみるために，キャビティ流れの2次元計算と，円柱を過ぎる流れの3次元計算を示す．

　なお，支配方程式として，非圧縮性ナビエ・ストークス方程式,

$$\nabla \cdot \boldsymbol{v} = 0$$
$$\frac{\partial \boldsymbol{v}}{\partial t} + (\boldsymbol{v} \cdot \nabla)\boldsymbol{v} = -\nabla p + \frac{1}{Re}\nabla^2 \boldsymbol{v}$$

を用いる．

　数値解法においては，多方向差分法を用いて方程式を近似し，高レイノルズ数流れを扱うために，3次精度上流差分としてカワムラ・クワハラ (Kawamura-Kuwahara) スキーム (1984)[1] を採用している．また，プロジェクション法により圧力のポアソン方程式を導出し，収束を速めるために多重格子法を用いて解いている．$\boldsymbol{v}$ の時間積分においては，クランク・ニコルソン陰解法を用いている．

a. キャビティ流れ

　キャビティ流れは，レイノルズ数の違いによる流れの変化がわかりやすい問題の1つである．キャビティ流れとは，窪みのある壁に対して，その壁面に沿った流れがあるときに，窪みの中で起こる流れのことである．ここでは図 5.1 のように，断面形状が正方形であるような細長い溝の上を，溝の長さ方向に対し

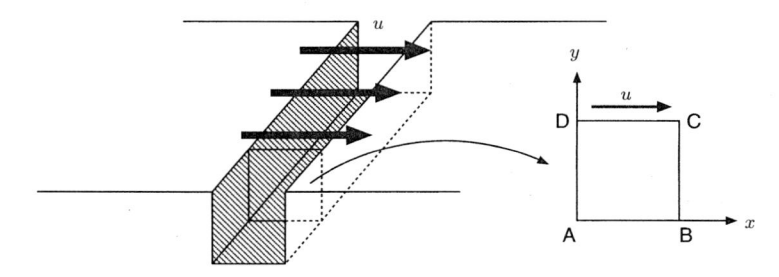

図 5.1 正方形キャビティ

て垂直な方向に流れがあるような正方形キャビティ内の 2 次元流れの様子を，レイノルズ数 $Re = 10\sim10000$ について示そう．なおここでいう 2 次元流れとは，溝の長さ方向には流れは起こらないと仮定したものである．

図 5.1 のように正方形の計算領域をとり，辺 AB, BC, AD では固定壁の条件として，速度 $\boldsymbol{v} = \boldsymbol{0}$ を与える．辺 CD は溝の開口部で，その上を流れが流れているが，辺 CD の表す壁が流れと同じ速度で移動していると考える．x 軸に沿って溝開口部の上を流れる流れの速さを u とすると，辺 CD 上では速度は $\boldsymbol{v} = (u, 0)$ となる．これらの条件の下で，キャビティ流れを計算している．

図 5.2 は，各レイノルズ数における渦度分布と流線の様子を示したものである．流線は，各点の速度ベクトルをつなげた曲線に相当し，この線に沿って流れが流れていくことを表す．

レイノルズ数が高くなるにつれて流れは左右で非対称になり，複雑な渦構造へと発展していく．また，レイノルズ数が低いときは流れはほぼ定常であるが，レイノルズ数が高くなると，流れに非定常性が現れてくる．図 5.2 で示した図は，どれもある瞬間の流れ場である．

120   5. 計　算　例

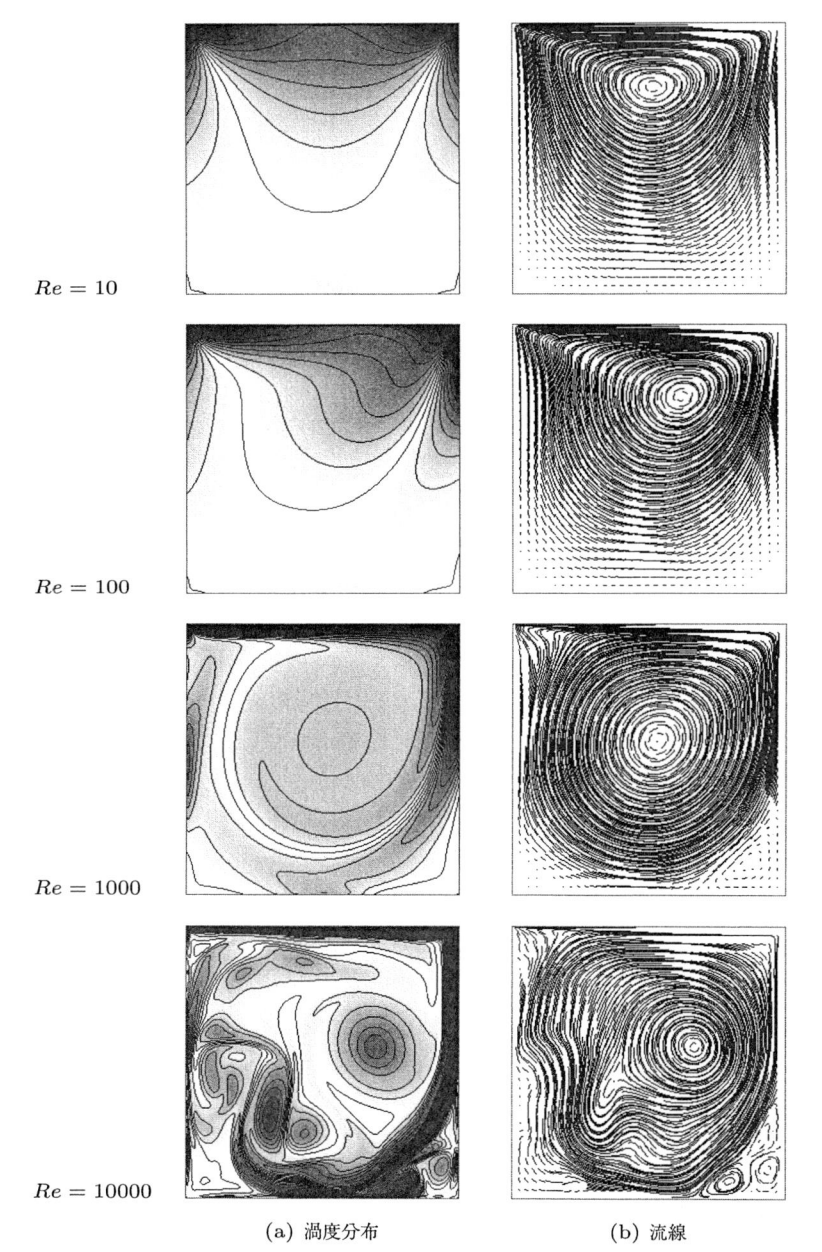

$Re = 10$

$Re = 100$

$Re = 1000$

$Re = 10000$

(a) 渦度分布　　　　(b) 流線

図 5.2 キャビティ流れ

b. 円柱を過ぎる流れ

円柱を過ぎる流れの問題は，流体の最も基本的かつ重要な問題の1つである．図 5.3, 5.4 に，異なるレイノルズ数における円柱を過ぎる流れについて，3次元計算の結果を示す．

円柱を過ぎる流れについては，レイノルズ数 $Re = 10^3$ 程度までは，レイノルズ数の増加に伴って円柱の抵抗係数は小さくなり，$Re = 10^3 \sim 10^5$ あたりでは抵抗係数はほぼ一定値を保つ．そして，$Re = 4 \times 10^5 \sim 5 \times 10^5$ において抵抗崩壊という現象を起こし，抵抗係数が急激に低下することが知られている．抵抗係数の低下は，円柱表面における剥離点が後退し，円柱後方の剥離領域が小さくなることに由来する．

図 5.3 は，時間平均の流れ場において流線と圧力のシェーディングを表示し真横から見たものであり，円柱後流の様子を各レイノルズ数において示している．図 5.4 では，各レイノルズ数での瞬間の流れ場を，圧力の等高線と等値面，表面上の圧力シェーディングによって示された圧力場と，流線によって表現している．図 5.3 において，各レイノルズ数で剥離領域がどのように変化するのか，注意してほしい．

$Re = 10000$

$Re = 300000$

$Re = 500000$

$Re = 1000000$

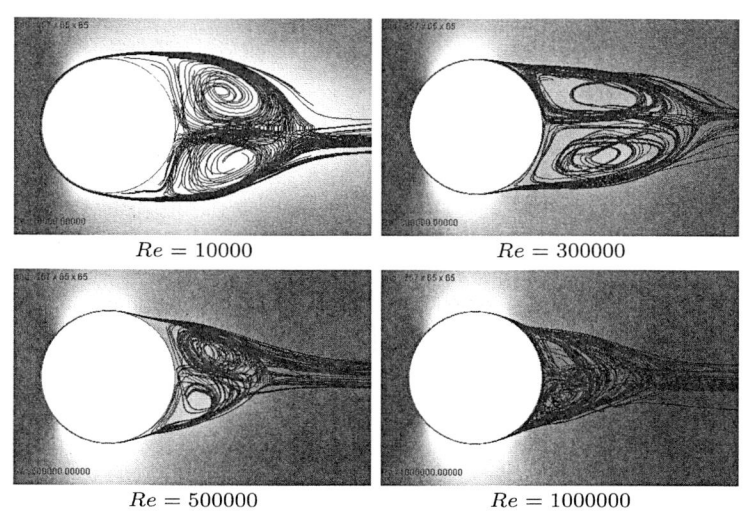

図 5.3 円柱を過ぎる流れ (時間平均)，流線，圧力分布

122   5. 計　算　例

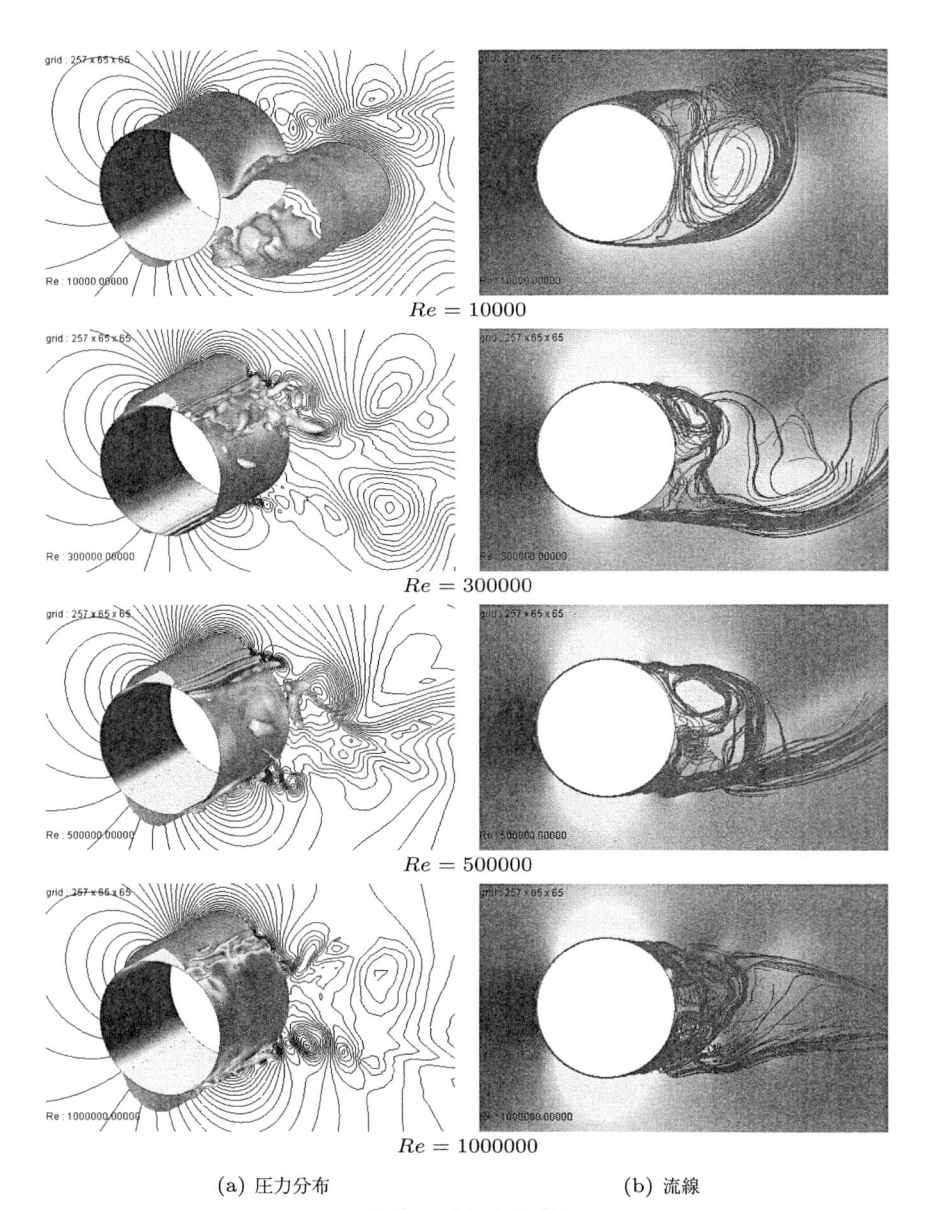

$Re = 10000$

$Re = 300000$

$Re = 500000$

$Re = 1000000$

(a) 圧力分布   (b) 流線

図 5.4　円柱を過ぎる流れ

5.2 物体まわりの流れ

a. カルマン渦の再配列

まず，カルマン (Kármán) 渦について説明しよう．よく知られているのが，一様流中に置かれた円柱の後方にできるカルマン渦である．図 5.5 のように，レイノルズ数がある程度の大きさ以上になると，円柱表面の上下から剥離した流れがそれぞれ円柱の背後にまわりこむような渦をつくり，後方に交互に並んで流れていく．この渦の生成を繰り返し，交互に規則的に並んで流れていくような渦のことを，カルマン渦という．

カルマン渦の再配列とは，物体から発生したカルマン渦が遠方で一度消滅した後，波長の異なるカルマン渦が再び出現する現象である．カルマン渦が再び出現するまでに長い距離が必要であるために，この計算においては，物体として一辺が 1 の正方形を図 5.6 のように 3 つ並べ（実際には計算格子の格子点 3 点のみを速度 0 に固定している），流れ方向 (x 方向) における長さが 2048 の計算領域を設けた．鉛直方向 (y 方向) の長さは 256 である．計算格子には直交等間隔格子を用い，分割数は 2048*256 として 2 次元計算を行った．

図 5.7 は，(a)〜(c) の順に流れ場の時間発展の様子を示したものである．各図では，物体の中心を通り，x 軸に平行な直線上における鉛直方向速度 v の変動を上のグラフに示し，下は渦度分布をシェーディングにより表現したものである．図 5.7 では物体は小さすぎてほとんど見えないが，物体から発生した，向

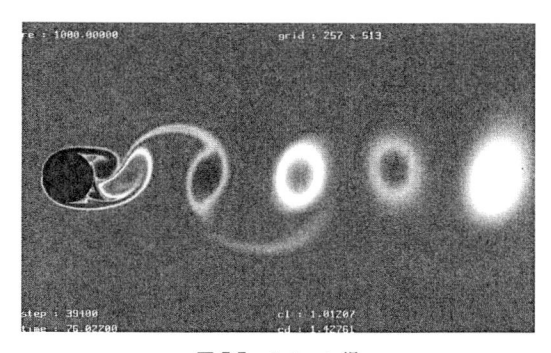

図 5.5 カルマン渦

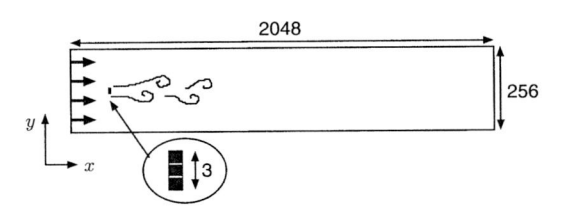

図 5.6 計算領域

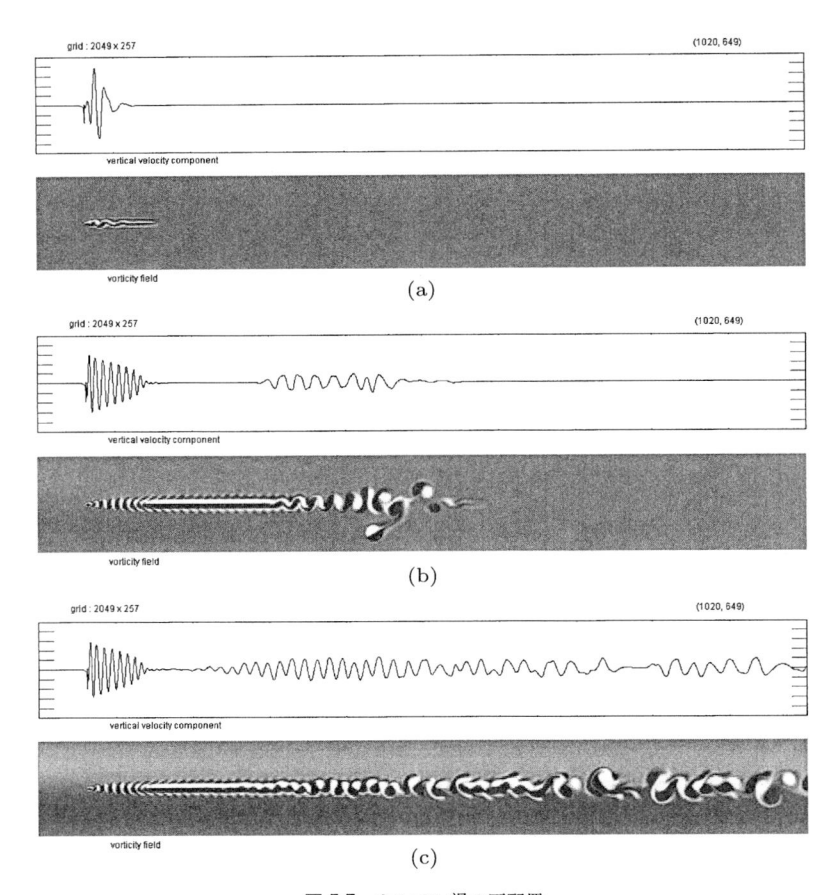

図 5.7 カルマン渦の再配置

きの異なる渦が交互に並んだカルマン渦が後方で一度消えた後，波長の異なるカルマン渦が再び出現していることがわかる[2].

b. 翼を過ぎる高レイノルズ数の流れ

翼まわりの流れについては古くから研究が行われており，その流体力学的特性から，飛行機の翼をはじめとしていたるところで利用されている．流体現象において最も重要で，応用範囲が広いものの1つである翼まわりの流れは，流体力学的特性を見事にとらえたテーマの1つである．

しかしながら翼を扱う計算は難しく，たとえば，流れに対する迎角が小さい場合，高レイノルズ数においては，計算精度が低いと現実的ではない剥離を引き起こしてしまうなど，数値計算では慎重な扱いを要する．ここでは，NACA0012型対称翼まわりの $Re = 1000000$ の3次元流れについて，計算を行った結果を示す[3].

図 5.8 は，揚力係数 Cl の計算値 (−●−) と実験値 (Abbott et al., 1959[4]) (−◆−) を，各迎角で比較したものである．(−■−) は，計算された Cl と抵抗係数 Cd との比 Cl/Cd である．図 5.8 のグラフからわかるように，迎角が低いとこ

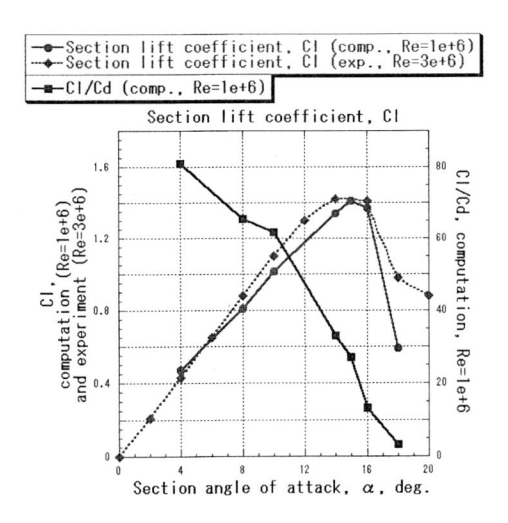

図 5.8 迎角と揚力係数 (Cl)
(実験値：Abbott et al., 1959)

ろでは Cl は順調に増加していくが，迎角が $16°$ 付近を超えると急激に減少する，いわゆる「失速」が起こる．失速直前では，揚力は保たれていても流れは不安定になり，翼の先端の低圧領域が極端に小さくなる．この様子は，図 5.9 の

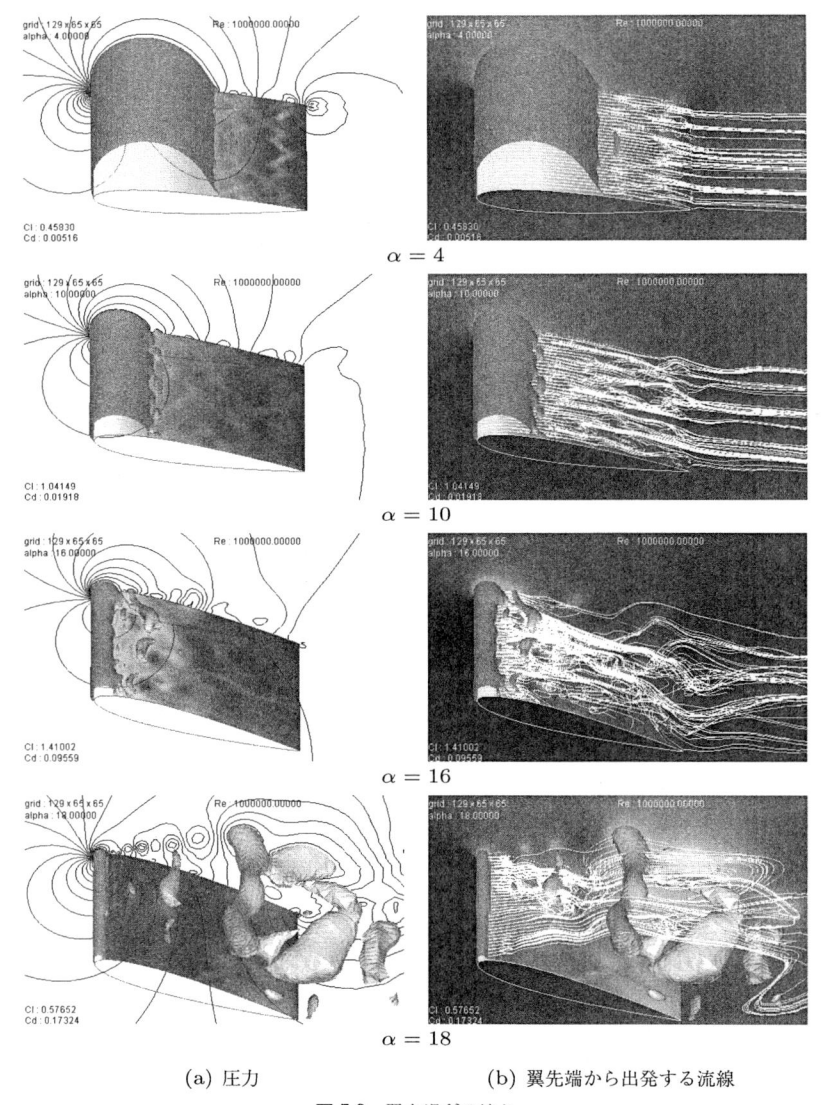

$\alpha = 4$

$\alpha = 10$

$\alpha = 16$

$\alpha = 18$

(a) 圧力 　　　　　　　　　(b) 翼先端から出発する流線

図 5.9 翼を過ぎる流れ

迎角 $\alpha = 16°$ で見ることができる．さらに迎角を上げた $\alpha = 18°$ では，流れは翼先端から完全に剥離してしまう．図 5.9 では，(a) は翼表面の圧力分布と圧力の等高線，および低圧部分の等圧面を表示しており，(b) は翼先端からの流線を示している．

c. 煙突を含む建造物まわりの流れ

より具体的な問題の例として，建造物のまわりの流れを以下にあげる．細長い物体として煙突を置き，いくつかの建物を配置している (図 5.10)．煙突先端では温度 T をもった上向きの流れを与えており，さらに風として一様流を与え

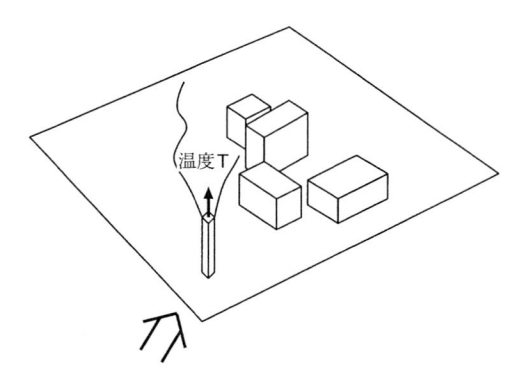

図 5.10　計算領域

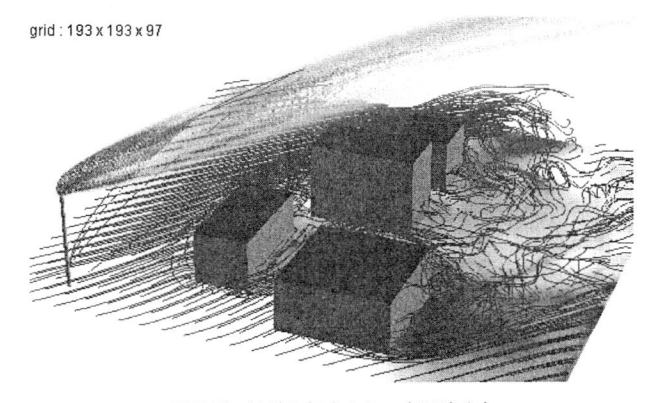

図 5.11　流線と煙突からの高温域分布

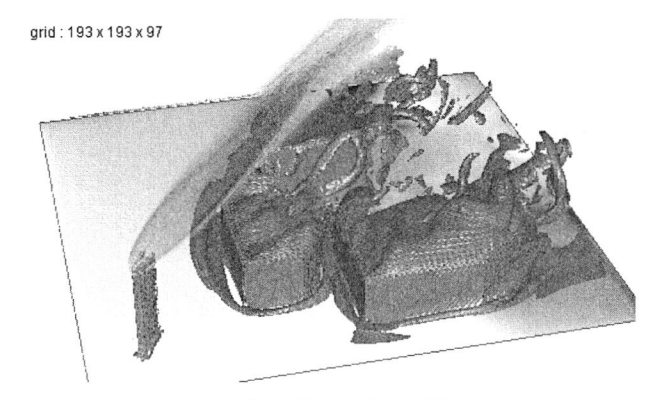

図 5.12 渦度の絶対値の等値面

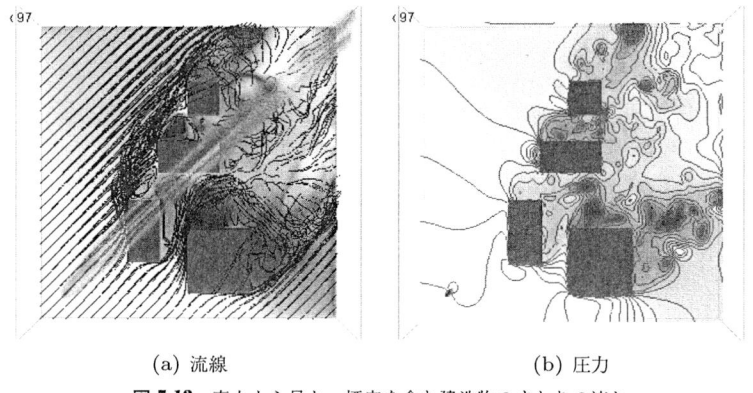

(a) 流線　　(b) 圧力
図 5.13 真上から見た，煙突を含む建造物のまわりの流れ

ている．

図 5.11〜5.13 は，同じ時間の瞬間の流れ場を種々の可視化により表現している．他の建造物との干渉により，細かく複雑な渦構造が見られる．

5.3 熱対流

熱対流の計算においては，流速の遅い流れでは，通常，非圧縮性方程式に対してブシネスク (Boussinesq) 近似が用いられるが，これは温度差がある程度小さい場合に限られる．それは，ブシネスク近似では，温度差による密度変化の

影響を，非圧縮性方程式の浮力項においてのみ考慮するためであるが，ここでは，より高温度差の場合でも扱えるように，密度 ρ を温度 T のみの関数として近似し，圧縮性ナビエ・ストークス方程式を書き換えた以下の式を，支配方程式として用いる．

$$\alpha \cdot \frac{\kappa}{C_p}\nabla^2 T = \nabla \cdot \boldsymbol{v}$$

$$\frac{\partial \boldsymbol{v}}{\partial t} + (\boldsymbol{v}\cdot\nabla)\boldsymbol{v} = -\alpha T\nabla p + \alpha T\mu\nabla^2\boldsymbol{v} + \boldsymbol{K}$$

$$\frac{\partial T}{\partial t} + (\boldsymbol{v}\cdot\nabla)T = \alpha T\frac{\kappa}{C_p}\nabla^2 T$$

ここで，C_p は定圧比熱，α は体膨張率，$\boldsymbol{K}=(0,0,\alpha g\delta T)$ は外力，δT は基準温度からの温度差である．これらの方程式は，$\rho = 1/(\alpha T)$ として圧縮性ナビエ・ストークス方程式を書き換えたものであるが，非圧縮性方程式の数値解法を使って計算することができる．

熱対流の計算例として，火災旋風について示そう．ここでいう火災旋風とは，広域火災が発生したときに，そこから起こる熱対流に，地球の自転の影響などによる回転が加わって強い旋風へと発展する現象で，過去には大地震の後に2次的に発生した広域火災から起こったものや，戦争による空襲の時に発生したものなどがある．また，大規模な山火事でも発生することがある．

広域火災から発生する火災旋風の回転の要因として，ここでは地球の自転によるコリオリ (Coriolis) 力に着目し，上述の支配方程式の外力 $\boldsymbol{K}$ にコリオリ力を考慮して $\boldsymbol{K}=(2\Omega v, -2\Omega u, \alpha g\delta T)$ とおく．ただし，Ω は地球自転角速度である．またここでは，大気の密度成層を考慮した計算を行っており，上述の方

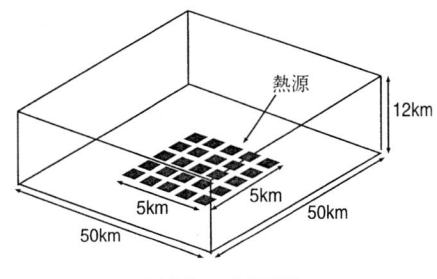

図 **5.14** 計算領域

程式をさらに変形した式を用いている[5]．計算領域は図 5.14 にあるように水平方向に広くとり，中心付近に複数の正方形熱源を間隔をおいて配置している．図 5.15，図 5.16 に計算結果を示す．

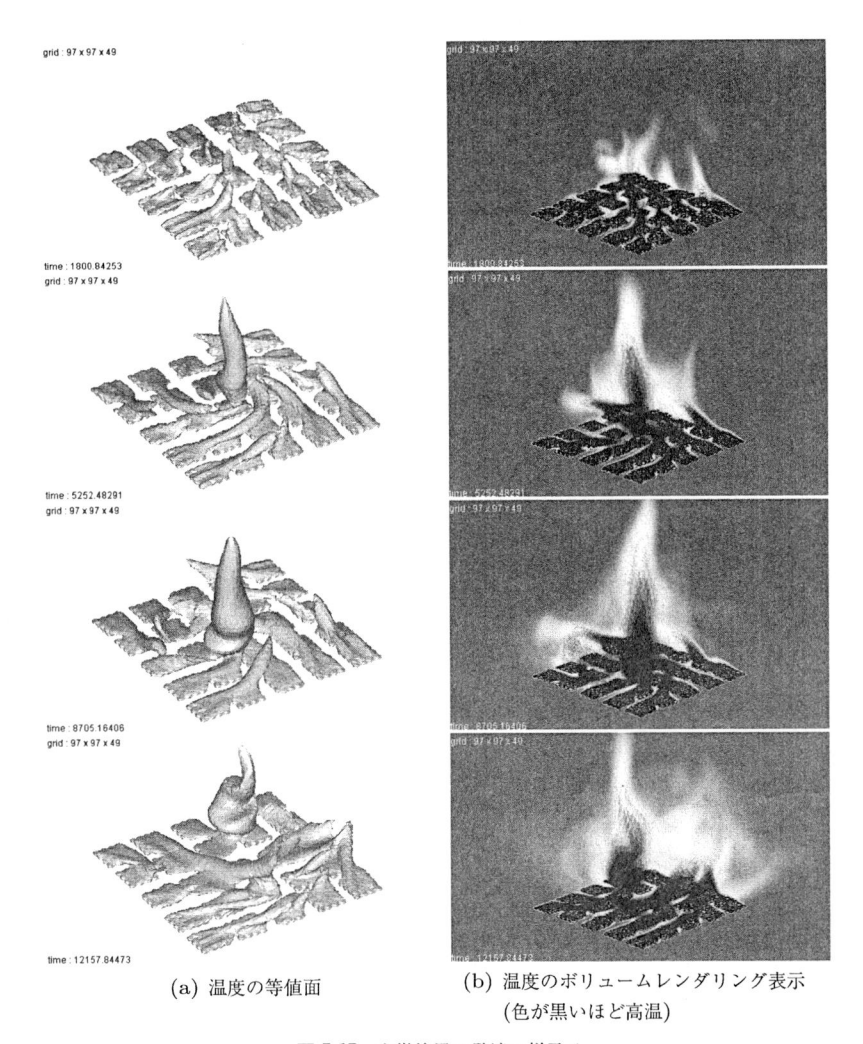

(a) 温度の等値面　　(b) 温度のボリュームレンダリング表示
（色が黒いほど高温）

図 5.15　火災旋風の発達の様子 1

5.3 熱対流　　131

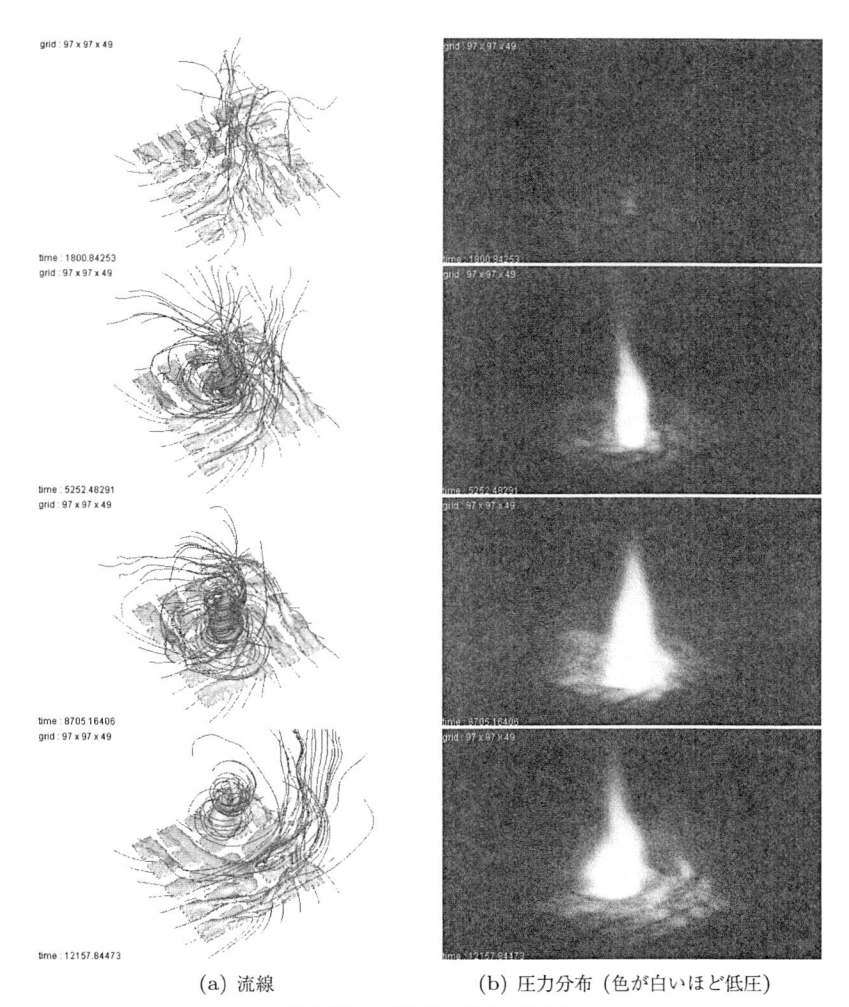

(a) 流線　　　　　　(b) 圧力分布（色が白いほど低圧）

図 **5.16**　火災旋風の発達の様子 2

5.4 その他の流れ

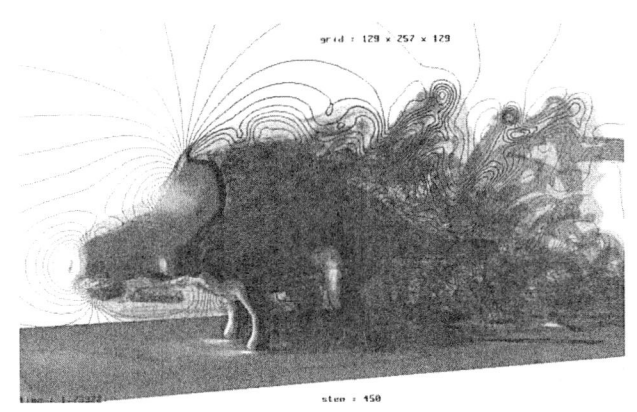

図 5.17 恐竜のまわりの流れ (圧力, 渦度)[6]

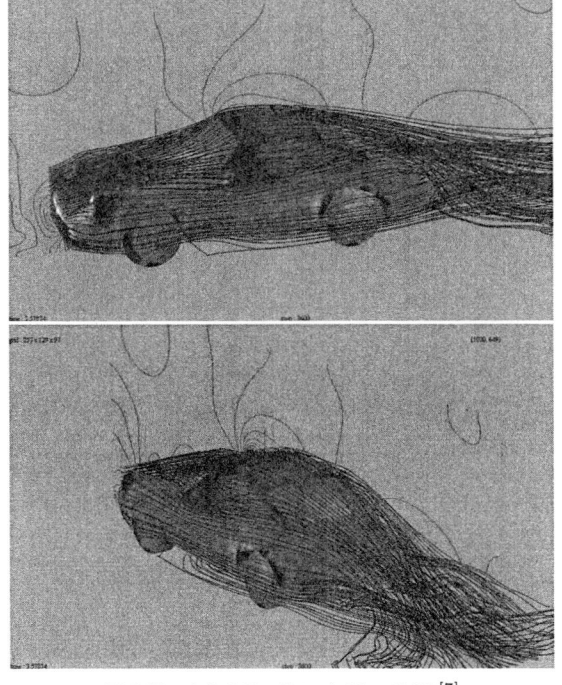

図 5.18 車を過ぎる流れ (圧力, 流線)[7]

5.4 その他の流れ

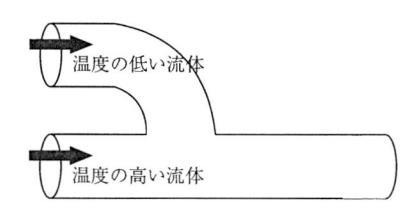

(a) 計算領域

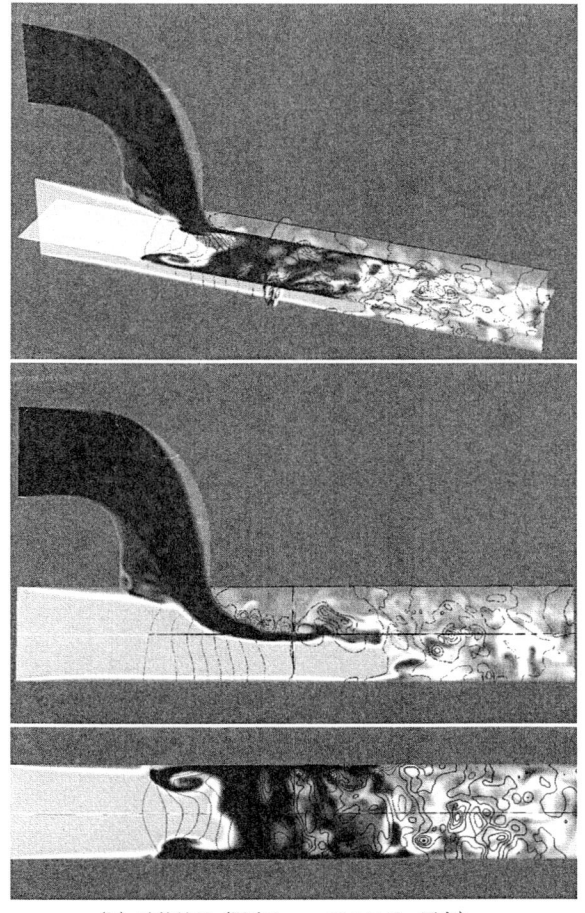

(b) 計算結果 (温度シェーディング, 圧力)
上から順に, 斜め上, 真横, 真上から見た図.

図 **5.19** 結合部をもつパイプ内の流れ

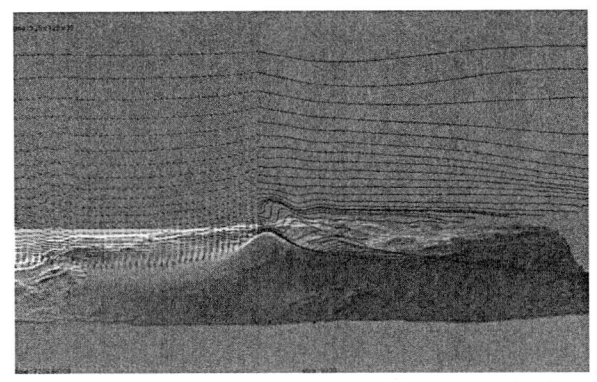

図 5.20 富士山を過ぎる安定成層中の流れ（左側から一様流）
地表面上の圧力分布，速度ベクトル（上流側），流線（下流側）．

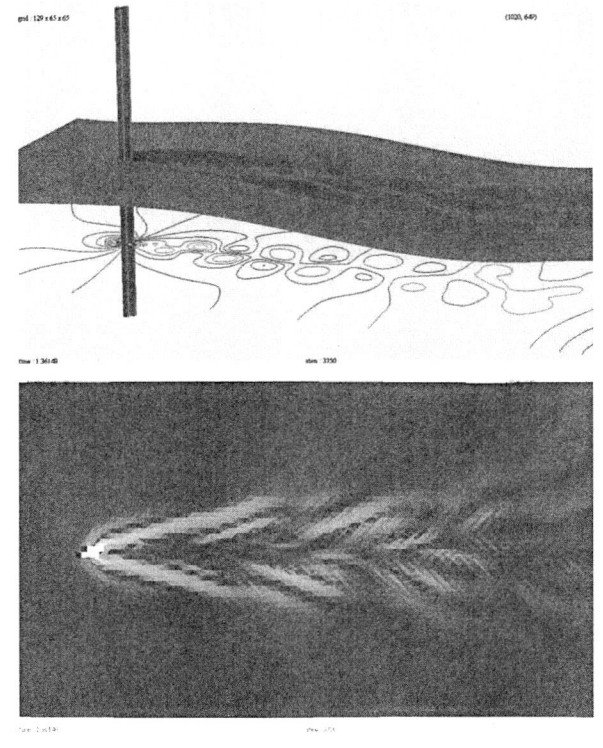

図 5.21 3 次元カルマン渦，上から順に，横，真上から見た図

参考文献

[1] Kawamura, T. and Kuwahara, K. : Computation of high Reynolds number flow around a circular cylinder with surface roughness, AIAA paper, 84-0340, 1984.

[2] Kuwahara, K. and Komurasaki, S. : Simulation of high Reynolds number flows using multidirectional upwind scheme, AIAA paper, 2002-0133, 2002.

[3] Komurasaki, S. and Kuwahara, K. : Implicit large eddy simulation of a subsonic flow around NACA0012 airfoil, AIAA paper, 2004-0594, 2004.

[4] Abbott, I. H. and Von Doenhoff, A. E. : Theory of Wing Sections, Dover Pub., pp. 462, 1959.

[5] Komurasaki, S., Kawamura, T. and Kuwahara, K. : Three-dimensional computation of thermal convection in a stratified fluid flow, *CFD J.*, **11**, 1, pp. 78-89, April 2002.

[6] Kuwahara, K. : Unsteady flow simulation and its visualization, AIAA paper, 99-3405, 1999.

[7] Bethancourt, A. M., Kuwahara, K. and Komurasaki, S. : Grid generation and unsteady flow simulation around bluff bodies, AIAA paper, 2003-1129, 2003.

appendix A 講義ノート

a. モデル方程式

ナビエ・ストークス方程式は次の3つの項が組み合わさったものである.

$$\underbrace{\frac{\partial u}{\partial t} + u\frac{\partial u}{\partial x} + v\frac{\partial u}{\partial y}}_{} = \underbrace{-\frac{1}{\rho}\frac{\partial p}{\partial x}}_{} + \underbrace{\nu\left(\frac{\partial^2 u}{\partial x^2} + \frac{\partial^2 u}{\partial y^2}\right)}_{}$$

加速度を表す項=圧力による流れを表す項+粘性による速度分布の拡散を表す項

(物理的には圧力差から流れが起こり, x 方向や y 方向に拡散していく)

　　　　　　圧力項　　　加速度項　　　　拡散項

ナビエ・ストークス方程式の粘性項, 圧力項をおとし, y 方向に変化がないとすると

$$\frac{\partial u}{\partial t} + u\frac{\partial u}{\partial x} = 0 \quad (\text{バーガース方程式:物理量が}\,u\,\text{という速度で運ばれる})$$

となり, 物理量が $u=1$ という速度で運ばれるとすると次式が得られる.

$$\boxed{\frac{\partial u}{\partial t} + \frac{\partial u}{\partial x} = 0 \quad (\text{波動方程式})}$$

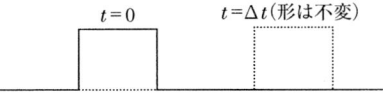

　　　　　　　　　　　　　　　　$t=0$　　　$t=\Delta t$(形は不変)

また, ナビエ・ストークス方程式の圧力項と対流項をおとし, やはり y 方向に変化がないとすると次式が得られる.

$$\boxed{\frac{\partial u}{\partial t} = \nu\frac{\partial^2 u}{\partial x^2} \quad (\text{拡散方程式})}$$

波動方程式・拡散方程式の2つの方程式が解ければ, その組み合わせでナビエ・ストークス方程式も解けるため, この2つの方程式を解くことが基本になる.

$\begin{cases} \text{波動方程式:} & \text{形を変えないで数値的に波を伝えることは難しいため, 波動方程式を解くということがナビエ・ストークス方程式を解くことの基本.} \\ \text{拡散方程式:} & \text{最後は滑らかな形になる(物理的に性質が扱いやすい)ため, 解法としては簡単(効率が重要な要素).} \end{cases}$

b. 加速度項のもつ意味

ナビエ・ストークス方程式は次のように表されることも多い．

$$\frac{Du}{Dt} = -\frac{1}{\rho}\frac{\partial p}{\partial x} + \nu\left(\frac{\partial^2 u}{\partial x^2} + \frac{\partial^2 u}{\partial y^2}\right)$$

左辺の D/Dt というオペレータのもつ意味を考える．

物理量 $F(t, x, y)$ の流体中の変化を考える．
(F は ρ, u, v などの物理量で，時間と空間の関数であり，ある時刻にどこに存在したかで決まる量)

時刻 t から時刻 $t + \Delta t$ の間の F の変化 ΔF は

$$\Delta F = F(t + \Delta t, x + \Delta x, y + \Delta y) - F(t, x, y)$$

$$\left[\begin{array}{l}\text{もとの位置ではない：　流れていくので位置まで変わるということが重要．}\\ \text{(特定の物理量も流れとともに動くため，時刻の変化だけではない)}\end{array}\right]$$

と表せる．ここで，$\Delta x = u\Delta t$, $\Delta y = v\Delta t$ であるから

$$\Delta F = F(t + \Delta t, x + u\Delta t, y + v\Delta t) - F(t, x, y)$$

と変形できる．

Δt は微小量なので，上式の第1項をテイラー展開すると (Δt の2次以上の項は省略)

$$\Delta F = F(t, x, y) + \frac{\partial F}{\partial t}\Delta t + \frac{\partial F}{\partial x}u\Delta t + \frac{\partial F}{\partial y}v\Delta t - F(t, x, y)$$

$$= \left(\frac{\partial F}{\partial t} + u\frac{\partial F}{\partial x} + v\frac{\partial F}{\partial y}\right)\Delta t$$

したがって

$$\frac{\Delta F}{\Delta t} = \frac{\partial F}{\partial t} + u\frac{\partial F}{\partial x} + v\frac{\partial F}{\partial y}$$

(この速度で F が流れていくということを意味している)

となる．これが本当の意味での物理量の時間変化を表しており，$\Delta t \to 0$ で DF/Dt と表記されるものである．

c. 波動方程式の差分化

$\dfrac{\partial u}{\partial t} + \dfrac{\partial u}{\partial x} = 0$ の差分化を考える．

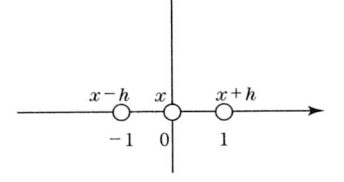

(a) 空間微分の差分化
　微分の定義を用いれば，下記のようないろいろな方法が考えられる．

(1) $\dfrac{\partial u}{\partial x} = \lim\limits_{h \to 0} \dfrac{u(x+h) - u(x)}{h}$　　⇒　$\dfrac{\partial u}{\partial x} \sim \dfrac{u_1 - u_0}{h}$　片側差分

(2) $\dfrac{\partial u}{\partial x} = \lim\limits_{h \to 0} \dfrac{u(x) - u(x-h)}{h}$　　⇒　$\dfrac{\partial u}{\partial x} \sim \dfrac{u_0 - u_{-1}}{h}$　片側差分

(3) $\dfrac{\partial u}{\partial x} = \lim\limits_{h \to 0} \dfrac{u(x+h) - u(x-h)}{2h}$　⇒　$\dfrac{\partial u}{\partial x} \sim \dfrac{u_1 - u_{-1}}{2h}$ … 中心差分（対称性がよい）

空間微分の差分化では，主に上の3つの方法が用いられる．
（この3通りの違いが重要：　どういう場合に良くて，どういう場合に悪いか？）

(b) 時間微分の差分化
　波動方程式中で，t と x は数学的には差がないが物理的には差がある（時間 t には方向性がある）．したがって，差分をとるときにも方向性をもたせて考えなくてはならない．（ある時刻での状態がわかったとき，次の時刻でどうなるか，というように考えを進めていく）
　(a) の3通りに対応する差分化を考えてみると，次のようになる．

(1) $\dfrac{\partial u}{\partial t} \sim \dfrac{u^1 - u^0}{\Delta t}$

ある時刻での値 u^0 が既知なら次の時刻での値 u^1 がわかる．

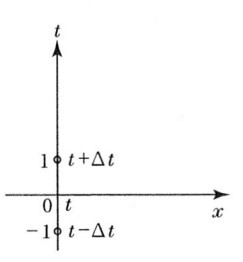

(2) $\dfrac{\partial u}{\partial t} \sim \dfrac{u^0 - u^{-1}}{\Delta t}$

(3) $\dfrac{\partial u}{\partial t} \sim \dfrac{u^1 - u^{-1}}{2\Delta t}$

前の時間での値 u^{-1} が必要である：　使いにくい

　時間差分では，ふつうは $(u^1 - u^0)/\Delta t$ の形を用いる．

d. 波動方程式の数値解法

$$\frac{\partial u}{\partial t} + \frac{\partial u}{\partial x} = 0$$

という波動方程式を満たす流れ場について，ある時刻での状態がすべてわかったとして，次の時刻での流れ場の状態を求めていく．

空間微分を中心差分，時間微分を前進差分で表すと

$$\frac{u_0^1 - u_0^0}{\Delta t} + \frac{u_1^0 - u_{-1}^0}{2h} = 0$$

となり，知りたい量 u_0^1 について解くと次式を得る．

$$u_0^1 = u_0^0 - \frac{\Delta t}{2h}(u_1^0 - u_{-1}^0)$$

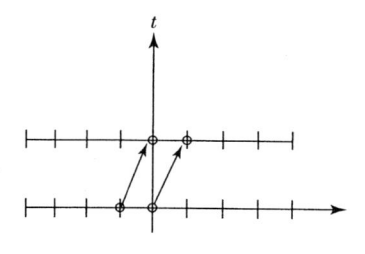

境界での値が与えられれば，この式をもとに，各格子点での u がすべて計算できる．しかし，この差分方程式を普通に解いていくと，厳密解とはまったく異なってしまう．

その理由を考えるため，流れ場の中で情報がどのように伝わるかを考える．いまのケースでは，速度 1 で情報が左から右へと伝わっている（方向性がある）．

<u>左側の情報のほうが大切</u>： 中心差分でなく片側差分でなくてはならない．

一般的にいえば

> 差分をとるときには，空間と時間をカップリングさせて考えなくてはならない

この場合では，次の片側差分が最も適しており，

$$\frac{\partial u}{\partial x} = \frac{u_0 - u_{-1}}{h}$$

このとき，波動方程式の差分表現は次のようになる．

$$u_0^1 = u_0^0 - \frac{\Delta t}{h}(u_0^0 - u_{-1}^0)$$

まとめると

> 空間差分の形は，時間差分をどうとるかという考えと一体にして考える必要がある．

別の表現を使えば，次のようにもいえる．

> 物理的な背景を考えて差分をとることにより，精度のよい解を簡単に求めることができる．

物理的に考えて，誤差が非物理的にならないように，真の解がもっている性質を保つような形で差分をとることが重要．

e. 拡散方程式の数値解法

・波動方程式 $\left(\dfrac{\partial u}{\partial t}+\dfrac{\partial u}{\partial x}=0\right)$ … 空間に対して方向性がある
→ 差分化に注意が必要

・拡散方程式 $\left(\dfrac{\partial u}{\partial t}=\nu\dfrac{\partial^2 u}{\partial x^2}\right)$ … 方向性をもたない
→ 多くの場合, 素直に差分化して不都合はない

左右いつでも同時に起きるということが拡散現象の本質.

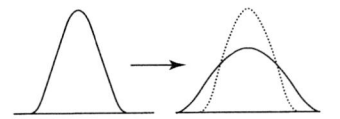

空間微分 (2回微分) の差分化は次のようにして考えればよい.

$$\dfrac{\partial^2 u}{\partial x^2}=\dfrac{\partial}{\partial x}\left(\dfrac{\partial u}{\partial x}\right)\sim\dfrac{1}{2h}\left(\left(\dfrac{\partial u}{\partial x}\right)_1-\left(\dfrac{\partial u}{\partial x}\right)_{-1}\right)\sim\dfrac{1}{2h}\left(\dfrac{u_2-u_0}{2h}-\dfrac{u_0-u_{-2}}{2h}\right)$$

$$=\dfrac{u_2+u_{-2}-2u_0}{(2h)^2}$$

$\left(\dfrac{\partial u}{\partial x}\right)_1$, $\left(\dfrac{\partial u}{\partial x}\right)_{-1}$ のかわりに $\left(\dfrac{\partial u}{\partial x}\right)_{1/2}$, $\left(\dfrac{\partial u}{\partial x}\right)_{-1/2}$ を考えると上式のかわりに

$$\dfrac{\partial^2 u}{\partial x^2}=\dfrac{\partial}{\partial x}\left(\dfrac{\partial u}{\partial x}\right)=\sim\dfrac{u_1+u_{-1}-2u_0}{h^2}$$

という表現を得る.

時間については前進差分をとるのが一番素直な方法であり, このとき拡散方程式は次のように差分化される.

$$\dfrac{u_0^1-u_0^0}{\Delta t}=\nu\dfrac{u_1^0+u_{-1}^0-2u_0^0}{h^2}$$

この差分化で多くの場合問題ない (もともとの物理現象の性質が左右対称なのでスキームも左右対称のもの (中心差分) がよい).

f. バーガース方程式の数値解法

$$\frac{\partial u}{\partial t} + u\frac{\partial u}{\partial x} = \nu \frac{\partial^2 u}{\partial x^2} \text{ について考える}$$

u は場所によって符号を変える → u の符号によって情報の伝わり方が違ってくる．

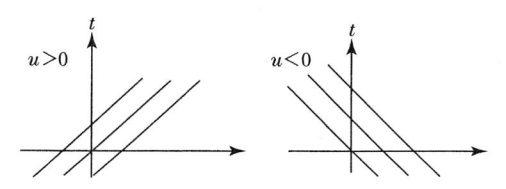

非線形項に片側差分を用いる場合には方向性を考えなくてはならないので，片側差分をとるとき次のようにする必要がある．

$$\begin{cases} \dfrac{u_0^1 - u_0^0}{\Delta t} + u_0^0 \dfrac{u_0^0 - u_{-1}^0}{h} = \nu \dfrac{u_1^0 + u_{-1}^0 - 2u_0^0}{h^2} & \cdots \ u_0^0 > 0 \text{ のとき} \\ \dfrac{u_0^1 - u_0^0}{\Delta t} + u_0^0 \dfrac{u_1^0 - u_0^0}{h} = \nu \dfrac{u_1^0 + u_{-1}^0 - 2u_0^0}{h^2} & \cdots \ u_0^0 < 0 \text{ のとき} \end{cases}$$

(上流差分) 上式は次のように1つの式で表せる．

$$\frac{u_0^1 - u_0^0}{\Delta t} + u_0^0 \underbrace{\frac{u_1^0 - u_{-1}^0}{2h}}_{\text{中心差分}} - \underbrace{|u_0^0| \frac{u_1^0 + u_{-1}^0 - 2u_0^0}{2h}}_{\text{もとの方程式になかった項}} = \nu \frac{u_1^0 + u_{-1}^0 - 2u_0^0}{h^2}$$

この式は

$$\frac{u_0^1 - u_0^0}{\Delta t} + u_0^0 \frac{u_1^0 - u_{-1}^0}{2h} = \left(\frac{|u_0^0|h}{2} + \nu\right)\frac{u_1^0 + u_{-1}^0 - 2u_0^0}{h^2}$$

となり，新たに拡散係数が $|u_0^0|h/2$ の拡散項が加わった形になる．すなわち，

> 上流差分 → 中心差分＋拡散項
> （上流差分とは，常に拡散的な誤差をもつ[注1]）   ←上流差分の特徴

注1：しかし，この拡散の誤差は，中心差分から生じる誤差を打ち消すといった都合のよい働きをすることが多い．

g. 2次元ナビエ・ストークス方程式の数値解法

$$\begin{cases} \dfrac{\partial u}{\partial t} + u\dfrac{\partial u}{\partial x} + v\dfrac{\partial u}{\partial y} = -\dfrac{\partial p}{\partial x} + \dfrac{1}{Re}\left(\dfrac{\partial^2 u}{\partial x^2} + \dfrac{\partial^2 u}{\partial y^2}\right) \\ \dfrac{\partial v}{\partial t} + u\dfrac{\partial v}{\partial x} + v\dfrac{\partial v}{\partial y} = -\dfrac{\partial p}{\partial y} + \dfrac{1}{Re}\left(\dfrac{\partial^2 v}{\partial x^2} + \dfrac{\partial^2 v}{\partial y^2}\right) \\ \dfrac{\partial u}{\partial x} + \dfrac{\partial v}{\partial y} = 0 \quad (\text{連続の式}) \end{cases}$$

2次元の方程式であるが,いままでと同じことを x, y 両方向についてあてはめればよい (x, y 方向の重ね合わせ).問題になるのは圧力項の取り扱いである.

いま,ある時刻での u, v, p がすべてわかれば次の時刻の速度が計算できるが,<u>圧力が未知</u> である点が非圧縮性のある意味での特徴になっている (圧縮性では連続の式に $\partial \rho/\partial t$ の項があるため方程式は閉じる).

非圧縮性流れでは圧力は速度 ∞ で伝わる (流体を押すとその影響が無限遠方まで瞬間的に伝わっていく).

⬇

実はこのことは物理的には無理な近似になっている.

⬇

非圧縮性方程式を解くとき <u>何らかの形で工夫</u> が必要になる (自然な形の時間発展では解けない).

非圧縮性流れは,上記のような性質があり,その代表的な解法としては次の2つの方法がある.
(1) MAC 系の方法 (速度場と圧力場を別々に解く) → <u>主流</u> になっている.
(2) 擬似的な圧縮性を導入する方法 → 定常流に適用できるが,精度や効率の点で問題がある.

(MAC 法の考え方)
<u>非圧縮性流れでは,圧力場は時間と無関係に決まる</u>.言い換えれば,過去の圧力場は関係しない).一方,方程式と未知数の数は同じなので一応閉じている.

連続の式に圧力がないことが問題であるため,次の時間ステップで圧力が矛盾なく決まるように圧力の方程式をつくる.

h. MAC 法による数値解法

$$\frac{\partial \boldsymbol{u}}{\partial t} + (\boldsymbol{u} \cdot \nabla)\boldsymbol{u} = -\nabla p + \frac{1}{Re}\nabla^2 \boldsymbol{u} \quad (\text{ナビエ・ストークス方程式のベクトル表記})$$

この式の発散をとる ($\nabla \cdot$ を作用させる) と

$$\frac{\partial \nabla \cdot \boldsymbol{u}}{\partial t} + \nabla \cdot (\boldsymbol{u} \cdot \nabla)\boldsymbol{u} = -\nabla^2 p + \frac{1}{Re}\nabla^2 (\nabla \cdot \boldsymbol{u}) \tag{A.1}$$

となる. $\nabla \cdot \boldsymbol{u} = 0$ (連続の式) から, 式 (A.1) は

$$\nabla^2 p = -\nabla \cdot (\boldsymbol{u} \cdot \nabla \boldsymbol{u}) \tag{A.2}$$

となる. ある速度場に対して圧力は式 (A.2) を満たす必要がある.

　式 (A.1) で理論的には $\nabla \cdot \boldsymbol{u} = 0$ であるが, 数値解法では誤差の影響で必ずしも $\nabla \cdot \boldsymbol{u} = 0$ とはならない場合があるため, 式 (A.2) で $\nabla \cdot \boldsymbol{u}$ の項を完全に無視すると数値誤差が発生したとき ($\nabla \cdot \boldsymbol{u} \neq 0$ になったとき) それが流れ場に蓄積される. そこで, 数値解を求める際には, 時間ステップを進めるときに, $\nabla \cdot \boldsymbol{u}$ をゼロに近づける工夫が必要になる. 具体的には式 (A.2) を次のように修正する.

$$\nabla^2 p = -\nabla \cdot (\boldsymbol{u} \cdot \nabla \boldsymbol{u}) + \frac{(\nabla \cdot \boldsymbol{u})^n}{\Delta t} \tag{A.3}$$

ここで, 右辺に付け加わった項は, $\nabla \cdot \boldsymbol{u}$ の時間微分の差分近似において

$$(\nabla \cdot \boldsymbol{u})^{n+1} = 0$$

として得られたものである. このようにして常に次の時間ステップで $\nabla \cdot \boldsymbol{u}$ の値が小さくなるように圧力場を決めることができる.

　圧力はポアソン方程式 (A.3) を解くことによって求めることができる. そこで, 問題はいかに効率よくポアソン方程式を解くかになる. まとめると次のようになる.

非圧縮性の流れを解くとき
　解の物理的な意味という点でのポイント： 非線形項の取り扱い
　計算の効率化という点でのポイント： ポアソン方程式の解法
---

i. ポアソン方程式の数値解法

$\nabla^2 p = \Phi$ というポアソン方程式を解くことを考える．

$\Bigg[$ ラプラシアン： 平均からのずれを表すオペレータ
・ラプラス方程式： $\nabla^2 p = 0$ (ずれがないということ)
・ポアソン方程式： $\nabla^2 p = \Phi$ (Φ は温度場においては熱源のような，ずらそうとする作用) $\Bigg]$

2次元のポアソン方程式

$$\frac{\partial^2 p}{\partial x^2} + \frac{\partial^2 p}{\partial y^2} = \Phi$$

の差分表現は

$$\frac{\partial^2 p}{\partial x^2} = \frac{p_1 + p_3 - 2p_0}{h^2}$$

$$\frac{\partial^2 p}{\partial y^2} = \frac{p_2 + p_4 - 2p_0}{h^2}$$

より

$$\nabla^2 p = \frac{p_1 + p_2 + p_3 + p_4 - 4p_0}{h^2} = \frac{1}{(h/2)^2}\underbrace{\left(\frac{p_1 + p_2 + p_3 + p_4}{4} - p_0\right)}_{} = \Phi$$

単位面積あたりの平均値からのずれを表す → $\dfrac{(4\text{つの値の平均値}) - (\text{真ん中の値})}{(\text{面積})}$

となる．

p_0 が上式の解であれば

$$p_0 = \frac{p_1 + p_2 + p_3 + p_4}{4} - \frac{h^2}{4}\Phi \tag{A.4}$$

となるはずである．

式 (A.4) を用いて，反復計算で p を求める方法が <u>ヤコビ法</u> である．

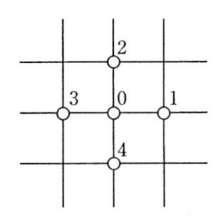

j. 収束の加速法

反復計算の際の収束性を上げようと反復を工夫しても (ガウス・ザイデル法，SOR 法など) せいぜい 2 倍程度である．

格子が少ない場合はよいが，1000×1000 のような多数の格子で計算する場合に大きな問題になる (全計算時間の 9 割以上が反復計算に必要になる)．

収束しない理由は 1 回の反復で情報は 1 格子ずつしか伝わらないためと考えられる．

したがって，1 方向に n 個の格子がある場合には，境界の影響は n 回の反復で全領域に伝わることになる ($n = 1000$ の場合，1000 回の反復でようやく第一報が全領域に伝わることになる)．

→ n が大きいと非常に時間がかかる．

格子を飛び越して領域全体に速く情報を伝える必要がある．

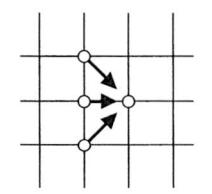

収束を速める主な方法には次の 2 つがある．
(1) マルチグリッド法
例) 1024×1024 という格子で流れ場を求める場合
まず，粗いグリッド (32×32 など) で全体を解く (境界などの情報が速く伝わる)．
⇩
内挿でグリッド間の値を計算する．
⇩
この値をもとにして，少し細い格子で計算する (64×64 など)．
⇩
このような手続きを繰り返して，順に細かい格子で計算し，最終的に 1024×1024 で解く．
この手順によってかなり速く情報を格子全体に伝えることができる．
(2) 直接解法
10×10 ぐらいの部分を直接に解いて各点の値を求める．
最適にすると 10 倍程度速くなる (ただし，定式化が難しい)．

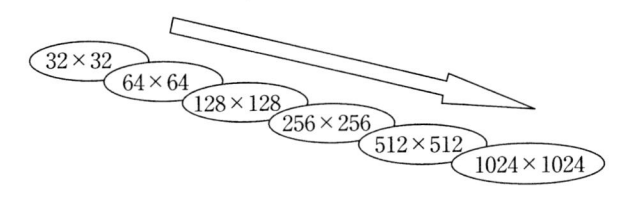

32×32 → 64×64 → 128×128 → 256×256 → 512×512 → 1024×1024

k. 数値計算を行う上での注意点

(a) 数値計算の解像度について

格子は有限 (しかもかなり粗く) にしかとれない：
2 次元ではせいぜい 1000×1000 程度．

⬇

これぐらいの格子で物理現象の解像に十分なのか？

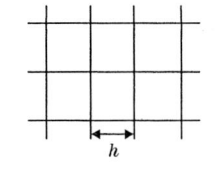

⬇

レイノルズ数に依存するが，レイノルズ数が大きいとまったく不十分で，流れの細かい構造は捉えられない[注2]．

> 「普通の意味で乱流現象は 1 格子内でも非常に多くの変動があり，すべてを捉えることは不可能であるが，現実に必要なのは流れ場の大きな構造であるため，細かい変動は平均化されていても差し支えないと考えられる」

ただし，格子が粗すぎると細かな変動 (高周波成分) は滑らかな変動 (低周波成分) とみなされてしまうおそれがある．→ エリアシングエラー

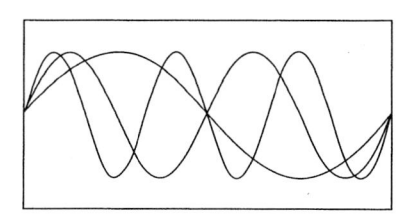

(b) 数値計算を進める上での注意点

・線形問題と非線形問題は本質的に異なる．
　現象の説明はできても数学的な証明は非常に困難．
　現実の現象と比べることにより，本質部分をチェックしながら進める必要がある．
　何らかの解が得られても物理的な考察が信頼性向上のために常に必要で，基本部分に対しては実験と比較するのが望ましい．

・流体の計算といっても，1 ステップずつ取り出して，基本的なことから押さえていく必要がある (わかったことを 1 つ 1 つ積み重ねていけば信頼性が上がる)．

注 2：非線形項 $u \cdot \partial u/\partial x$ から細かい構造が現れる．すなわち，ある変動があると非線形項の効果でより細かい変動がつくられる．ただし，粘性項によって細かい変動ほど減衰されるため変動はあまり強くならない．

1. 非圧縮性ナビエ・ストークス方程式の数値計算の特徴 (1)

(a) ナビエ・ストークス方程式の非線形性

無次元化された非圧縮性ナビエ・ストークス方程式は次のように書ける．

$$\frac{\partial u}{\partial x} + \frac{\partial v}{\partial y} = 0$$

$$\frac{\partial u}{\partial t} + u\frac{\partial u}{\partial x} + v\frac{\partial u}{\partial y} = -\frac{\partial p}{\partial x} + \frac{1}{Re}\left(\frac{\partial^2 u}{\partial x^2} + \frac{\partial^2 u}{\partial y^2}\right)$$

$$\frac{\partial v}{\partial t} + u\frac{\partial v}{\partial x} + v\frac{\partial v}{\partial y} = -\frac{\partial p}{\partial y} + \frac{1}{Re}\left(\frac{\partial^2 v}{\partial x^2} + \frac{\partial^2 v}{\partial y^2}\right)$$

これらの方程式を解くために差分化することはそれほど困難ではない．しかし，実際に解いてみると，いままでに説明した方法で解ける場合 (レイノルズ数が比較的小さいとき) と解けない場合 (レイノルズ数が大きいと解くのが困難になる) が出てくる (線形の方程式であれば，いままでの方法でたいてい解ける)．

ナビエ・ストークス方程式の数値解析では，ある格子を決めるとその格子で解くことのできる限界のレイノルズ数が決まり，それより大きなレイノルズ数では素直に解いて求めることはできない．その原因は 非線形項 にある．

(b) 非線形項の働き

バーガース方程式で考えるのが簡単である．

$$\frac{\partial u}{\partial t} + u\frac{\partial u}{\partial x} = \nu\frac{\partial^2 u}{\partial x^2}$$

非線形項 (移流項) は本質的で，流れによって物理量が運ばれるということを示している．

非線形項 $u\partial u/\partial x$ の働きとして，ある時刻で空間に $u = \sin x$ という変動が現れると，この項により $\sin 2x$ という 2 倍の波数をもつ変動が現れる．言い換えれば，ある時刻で何らかの変動が起きると，非線形項の働きによって，次の時刻でより細かな (高波数) の変動が現れる．

m. 非圧縮性ナビエ・ストークス方程式の数値計算の特徴 (2)

(c) 差分法での変動の取り扱いの限界

差分法では有限個の点をとって，その点の上での物理量を求める．このため，最初に滑らかな変動を有限個の格子点で解像することができたとしても，次の瞬間には2倍の周波数の，その次の瞬間にはさらに2倍の周波数の変動が生じるため，ある程度の高い周波数が出ると細かな変動を表現しきれなくなる．

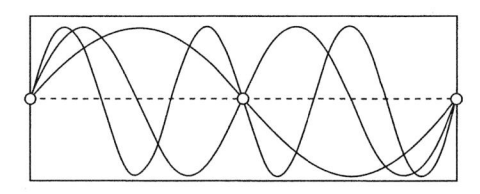

(d) ナビエ・ストークス方程式の数値解法の難しさ

非線形であるナビエ・ストークス方程式では，ある時刻で何かが起きると，次の瞬間に細かな変動が発生する．これに対し，式中の粘性項は細かな変動を抑える働きがある（変動が強いほど減衰する働きも強い）ため，粘性がある程度以上に大きければ，変動を抑えて方程式を解くことができる．しかし，粘性が弱いと，次々に細かい変動を起こして有限個の格子点では表現できなくなる．

計算機で取り扱える格子数には制限があり，計算時間の問題もある．現在ではせいぜい1000万点程度であり1方向に200点程度しかとることができない．この格子数は細かな変動を解像するには少なすぎるといえる．

言い換えれば，ナビエ・ストークス方程式の非線形項が必ず細かい変動を生み出し，レイノルズ数の大きい方程式を解く場合に破綻をきたす．この困難をいかにして回避するかが最大の問題である．

n. エリアシングエラーと対処法

エリアシングエラーとは高周波を低周波とみなしてしまう現象であり，差分法では本質的なエラーである．このエラーを見落とすと非線形の方程式を解くことにほとんど意味がなくなる．

例) 下図のような格子に対して，実線の波がある場合には点線とみなされてしまう．すなわち，情報量の不足から速い変動をゆっくりしたものと見誤る．

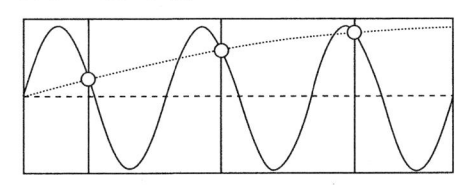

ナビエ・ストークス方程式の解析では，非線形項から必ず細かな現象が発生し，それを粗い格子で表現するとエリアシングエラーが起きる．したがって，粗い格子で計算しなければならない場合には，細かい現象が出ないようにする (押しつぶす) 必要がある．

細かな現象を生かして無理に計算すると別の現象をみる (エリアシングエラー) ことになり，エリアシングが起きると計算は意味がなくなる．ナビエ・ストークス方程式が高レイノルズ数で解けない原因はほとんどエリアシングに起因する．1 波長に対して最低 4 点は必要なので，格子で捉えきれない変動は押しつぶす必要がある．

エリアシングエラーの問題は，デジタル化するという点で本質的であり，高周波を粗い格子で表現できない以上，高周波をなくす必要がある．そのようにしないと低周波も取り扱えなくなる．

1 方向 100 点程度あれば大きな渦 (流れの大きな構造) は捉えられるが，<u>捉えきれない構造は，取り除く (フィルターをかける) ようにする．この</u> <u>フィルターの善し悪しがナビエ・ストークス方程式の数値解法 (特に高レイノルズ数) では重要</u> になる．

問題を解決するいくつかの方法がある．
・レイノルズ方程式をベースにした乱流モデル： 無理がある．
・LES (large eddy simulation)： 一部の物理現象は捉えられる．
・DNS (direct numerical simulation) モデルを入れない方法： 格子数の問題．
厳密な意味での DNS はレイノルズ数が小さい場合にのみ適用可能．
DNS には 2 種類ある．
(1) full simulation： すべての構造を捉える．小さいレイノルズ数のみ可能．
(2) direct simulation： 高波数成分が自動的に落ちるようなスキームを用いてモデルを使わずに解く．

o. 解法の有効性

(a) LES

LES の本質 (細かい渦を拡散でつぶす)： $u\partial u/\partial x$ により生じた細かい波数成分を減衰させるメカニズムを拡散現象に置き換える．すなわち，粘性率が大きくなったような現象にする $\nu \to \nu_{turb}$：乱流粘性率とよばれる場所と時間の関数を用いる (せん断がある場合，細かな変動がある場合に大きくする)．ν_{turb} をどうモデル化するかが本質．

(b) DNS (上流差分)

粘性係数 ν を変化させると，物理的な粘性が覆い隠される．物理的な粘性より大きな粘性を与えると，物理的な粘性が本質になるような現象を捉えることは期待できない．たとえば，円柱の抵抗係数激減現象 (あるレイノルズ数を境にして抵抗係数が 1/5 程度になる現象) は，粘性が本質的な役割を果たしているが粘性率の微妙な差により現象が変化することがある．

この現象を初めて数値的に捉えたものが 3 次精度上流差分法 (モデルを使わないといった意味では DNS) であり，いままでのところ他の方法 (バリエーションはあるが本質的に異なる方法) で捉えることはできていない．

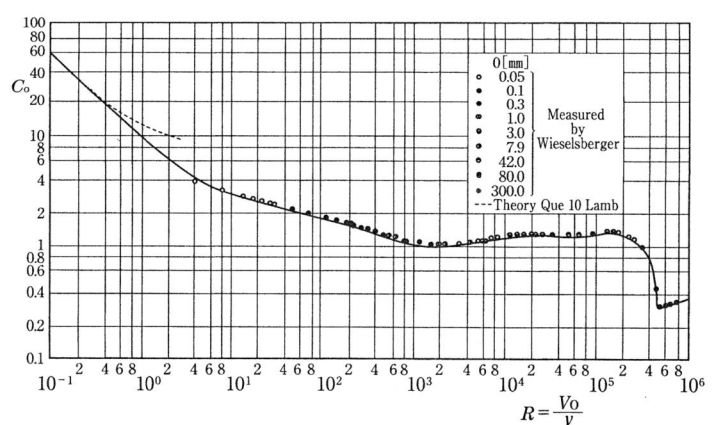

(Schlichting, H : *Drag coefficient for circular cylinders as a function of the Reynolds number*, Boundary Layer Theory 4th edition, McGraw-Hill)

p. 各階の微分方程式の基本的な性質

$$\frac{\partial u}{\partial t} = a_0 u$$

$a_0 < 0$ なら 0 階の拡散方程式： 時間が経てば全部ゼロになる．$a_0 > 0$ なら発散する．

$$\frac{\partial u}{\partial t} = a_1 \frac{\partial u}{\partial x}$$

$-a_1$ という速さで波が伝わる： 波動方程式

$$\frac{\partial u}{\partial t} = a_2 \frac{\partial^2 u}{\partial x^2}$$

$a_2 > 0$ のとき普通の意味 (2 階) の拡散方程式： 凹凸があれば平均化し，最終的に全部平均化する．0 階よりは弱い拡散．

$$\frac{\partial u}{\partial t} = a_3 \frac{\partial^3 u}{\partial x^3}$$

波として伝わる： ある現象がそのまま伝わっていく．成長も減衰もしない．いったん誤差が発生するとなくならず解析空間を動きまわり悪い効果をもたらす．

$$\frac{\partial u}{\partial t} = a_4 \frac{\partial^4 u}{\partial x^4}$$

$a_4 < 0$ のとき拡散 (減衰) の効果： ただし，2 次曲線程度の凹凸は残す (2 階の拡散効果は覆い隠さない)．空間的に滑らかに変化しているものは捉えられる．

```
偶数回微分 → 拡散
奇数回微分 → 波動
```
(波が変形を受けながら伝わる)

q. 拡散方程式のシリーズ

(0 階)
$$\frac{\partial u}{\partial t} = a_0 u \quad \rightarrow \quad u_0^1 = u_0^0 + a_0 \Delta t u_0^0$$

$a_0 < 0$ のとき u が大きいところでは次のステップに進むとき u_0^1 は小さくなる（減衰が大きいと小さくなりすぎる）→ u_0^0 が 0 になると変化しなくなる．実際はゼロに近いところはゆっくりゼロに近づく．

(2 階)
$$\frac{\partial u}{\partial t} = a_2 \frac{\partial^2 u}{\partial x^2} \quad (a_2 > 0)$$

$$\frac{u_0^1 - u_0^0}{\Delta t} = a_2 \frac{u_1^0 - 2u_0^0 + u_{-1}^0}{(\Delta x)^2} = \frac{2a_2}{(\Delta x)^2}\left(\frac{u_1^0 + u_{-1}^0}{2}\right) - \frac{2a_2}{(\Delta x)^2}u_0^0 = \frac{2a_2}{(\Delta x)^2}\bar{u} - \frac{2a_2}{(\Delta x)^2}u_0^0$$

平均化のようなもの． （平均化）

> どちらも1次と同じであるが，逆方向で互いにキャンセル → 解をゼロするという 0 階の性質はない．

低階の拡散方程式のほうが効果が強い．高階の拡散方程式は低階の拡散方程式の解を変えない．

(4 階)
$$\frac{\partial u}{\partial t} = a_4 \frac{\partial^4 u}{\partial x^4} \quad (a_4 < 0)$$
$$= \frac{a_4}{(\Delta x)^4}(u_2 - 4u_1 + 6u_0 - 4u_{-1} + u_{-2})$$
$$= -4a_4 \left(\frac{u_1 - 2u_0 + u_{-1}}{(\Delta x)^2} - \frac{u_2 - 2u_0 + u_{-2}}{(2\Delta x)^2} \right)$$

この差が4階の拡散

第一項が，この3点での2階微分の近似値

第二項が，この3点での2階微分の近似値

一般に高階の拡散方程式は1段下の拡散項の差で表される： 1段下の拡散には直接ふれないため，それを隠さない．それより上のものに効く．

> ナビエ・ストークス方程式を解くときに粘性項が鍵であり，この項を変化させると流れを支配するレイノルズ数が変わり流れに大きな影響を及ぼす．一方，4次の拡散項を用いるとレイノルズ数の効果が隠されず表にでてくる．しかも高階の拡散によってエリアシングエラーの原因となる高波数成分を減衰させることができる．

r. 1次精度と2次精度の上流差分

$$\frac{\partial u}{\partial t} + u\underbrace{\frac{\partial u}{\partial x}}_{u\text{という速さで情報が伝わる}} = \nu\frac{\partial^2 u}{\partial x^2} \tag{A.5}$$

を考える.

1次精度上流差分:

$$u\frac{\partial u}{\partial x} = u_0\frac{u_0 - u_{-1}}{\Delta x} \quad (u \geq 0)$$

$$u\frac{\partial u}{\partial x} = u_0\frac{u_1 - u_0}{\Delta x} \quad (u < 0)$$

すなわち

$$u\frac{\partial u}{\partial x} = u_0\underbrace{\frac{u_1 - u_{-1}}{2\Delta x}}_{\text{中心差分}} - \frac{|u_0|}{2}\underbrace{\frac{u_{-1} - 2u_0 + u_1}{\Delta x}}_{\text{粘性項}}$$

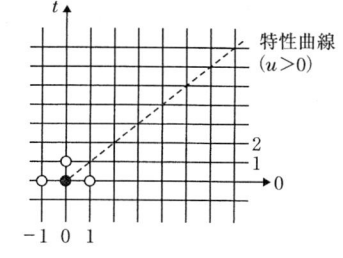

と近似する. このとき, 式 (A.5) は

$$\frac{u_0^1 - u_0^0}{\Delta t} + u_0\frac{u_1 - u_{-1}}{2\Delta x} = \left(\nu + \frac{|u_0|\Delta x}{2}\right)\frac{u_{-1} - 2u_0 + u_1}{(\Delta x)^2}$$

2階の粘性係数が変化するため望ましくない.

2次精度上流差分:

$$u\frac{\partial u}{\partial x} = u_0\frac{3u_0 - 4u_{-1} + u_{-2}}{2\Delta x} \quad (u \geq 0)$$

$$u\frac{\partial u}{\partial x} = u_0\frac{-3u_0 + 4u_1 - u_2}{2\Delta x} \quad (u < 0)$$

すなわち

$$u\frac{\partial u}{\partial x} = u_0\frac{-u_2 + 4(u_1 - u_{-1}) + u_{-2}}{4\Delta x} + \frac{|u_0|(\Delta x)^3}{4}\frac{u_{-2} - 4u_{-1} + 6u_0 - 4u_1 + u_2}{(\Delta x)^4}$$

と近似する. 右辺第1項は, u_2 等を点 x_0 のまわりにテイラー展開して代入すると

$$u\frac{\partial u}{\partial x} - \frac{1}{3}(\Delta x)^2 u\underbrace{\frac{\partial^3 u}{\partial x^3}}_{\text{都合が悪い}} + O((\Delta x)^4)$$

となり, 右辺第2項は

$$-\frac{|u_0|}{4}(\Delta x)^3 \underbrace{\frac{\partial^4 u}{\partial x^4}}_{\text{よい拡散}} + O((\Delta x)^5)$$

となる. したがって, 誤差の主要項は右辺第1項の $(\Delta x)^2$ を含む項 (2次精度) であり, 物理量の3階微分に比例していることがわかる. 奇数階の微分は拡散の働きはないため, 高波数成分を減衰させない.

s. 3次精度上流差分

3次精度上流差分法：

$$u\frac{\partial u}{\partial x} = u_0 \frac{2u_1 + 3u_0 - 6u_{-1} + u_{-2}}{6\Delta x} \quad (u \geq 0)$$

$$u\frac{\partial u}{\partial x} = u_0 \frac{-2u_{-1} - 3u_0 + 6u_1 - u_2}{6\Delta x} \quad (u < 0)$$

すなわち

$$u\frac{\partial u}{\partial x} = u_0 \frac{-u_2 + 8(u_1 - u_{-1}) + u_{-2}}{12\Delta x}$$
$$+ \frac{|u_0|(\Delta x)^3}{12} \frac{u_{-2} - 4u_{-1} + 6u_0 - 4u_1 + u_2}{(\Delta x)^4} \quad (A.6)$$

と近似する．テイラー展開を用いて調べると，右辺第1項は

$$u\frac{\partial u}{\partial x} + O((\Delta x)^4)$$

となる．この場合は，誤差の主要項は右辺第2項の $(\Delta x)^3$ を含む項（3次精度）であり，物理量の4階微分に比例している．以前に述べたように4階微分には拡散の働きがあり，しかも高波数成分を2階微分よりも有効に減衰させる．また拡散の仕方も2階微分とは異なるため，高レイノルズ数の流れにおいて物理的な粘性の効果を覆い隠すことない．

式 (A.6) の右辺第1項は近似すべき $u\partial u/\partial x$ の高精度の近似になっており，第2項は高い波数成分を減衰させる数値粘性項になっていると考えられる．すなわち，高レイノルズ数流れを近似する有効な差分式は

$$(\text{精度のよい差分近似式}) + (\text{数値粘性}) \quad (A.7)$$

という形をしていればよい．

そこで，式 (A.6) の変形として

$$u\frac{\partial u}{\partial x} = u_0 \frac{-u_2 + 8(u_1 - u_{-1}) + u_{-2}}{12\Delta x}$$
$$+ \alpha \frac{|u|(\Delta x)^3}{12} \frac{u_{-2} - 4u_{-1} + 6u_0 - 4u_1 + u_2}{(\Delta x)^4}$$

という形の差分式を用いることもできる．ここで α は数値粘性の大きさを調節するパラメータである．このパラメータとしては必ずしも定数である必要はなく，変数であってもよい．その決め方には物理的な考察や数値的な考察からいろいろな可能性があるが，3次精度上流差分のように格子を細かくすればするほど数値粘性の効果が少なくなるものがよい．

t. 多方向上流差分

(A) 5点差分をとるとき①の格子点の影響が②の格子点の影響より大きいのは不自然.
(B) 本来は②の情報を伝えるべきなので，点線で示す別の座標系をつくって考える．
2つの別の座標系でとった値を2:1で重み付けするとうまくいく．
バランスよく各方向の影響が取り入れられて，上流差分の考え方がきれいに入る．
一見，計算量が増えるようにみえるが，収束性の改善により全体としてはよい．

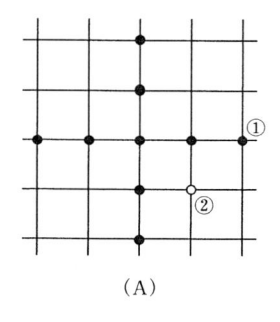

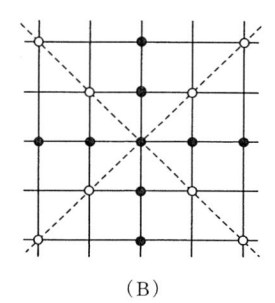

(A)　　　　　(B)

appendix B バーガース方程式の数値解法

付録 B で対象とする問題は，バーガース方程式の初期値・境界値問題であり，計算領域を $0 \leq x \leq 1$，初期速度分布を $u(x,0) = \sin 2\pi x$，境界値を $u(0,t) = u(1,t) = 0$ として解く問題である．第 4 章でも述べたが，この問題では波が突っ立ち，三角波が形成されていくが，この非定常過程を数値計算により再現することにする．

数値計算法としては，本文で紹介した 3 次精度風上差分をもとに，いくつかのスキームを取り上げ，その精度を比較することによって，各種スキームの評価を行っている．ここで取り上げたスキームは，3 次精度風上差分を (4 次精度中心差分) + (4 階数値粘性) の形で表したときに，(4 次精度中心差分) 項における非線形項の型・離散化方法，および (4 階数値粘性) 項における係数 α をパラメータとして変化させ，それらを組み合わせたものである．そして，解析結果を比較することによって，最適な組み合わせを検討した．

B.1 計算モデルおよび数値解法

1 次元バーガース方程式を式 (B.1) に示す．

$$\frac{\partial u}{\partial t} + u \frac{\partial u}{\partial x} = \nu \frac{\partial^2 u}{\partial x^2} \tag{B.1}$$

バーガース方程式は，ホップ・コール (Hopf-Cole) 変換[1][2]によって厳密解が得られること，非線形項と拡散項をもち，エネルギーカスケード過程がナビエ・ストークス方程式のそれに類似していることから，数値計算法の検証問題として用いられることが多い[3][4]．ナビエ・ストークス方程式との対応を考えると，式 (B.1) における u と ν は，速度ベクトル，粘性係数となる．非圧縮性流体の基礎方程式との違いは，① 連続の式がない ($\partial u_i/\partial x_i \neq 0$)，② 圧力項がない，という 2 点である．

計算条件としては，計算領域を $0 \leq x \leq 1$ とし，初期速度分布を $u(x,0) = \sin 2\pi x$，境界値を $u(0,t) = u(1,t) = 0$ とした．なお，粘性係数に対応する ν は，$\nu = 10^{-3}$ とした．計算格子は等間隔とし，129 点，513 点について解析を行った．

数値計算には差分法を用い，式 (B.1) の離散化には，拡散項に 2 次精度の中心差分を，時間積分に 2 次精度アダムス・バッシュフォース法を用いた．非線形項の離散化については次節で述べる．時間刻みは，$dt = 0.1^{*}dx$ とし，十分小さな値を用いた．解析はすべて倍精度で行っている．

B.2 評価対象スキーム

a. カワムラ・クワハラスキーム

3次精度風上差分を式 (B.2) に示す.

$$u\frac{\partial u}{\partial x} \approx u_i \frac{-u_{i+2}+8(u_{i+1}-u_{i-1})+u_{i-2}}{12\Delta x} + \alpha|u_i|\frac{u_{i+2}-4u_{i+1}+6u_i-4u_{i-1}+u_{i-2}}{12\Delta x} \tag{B.2}$$

式 (B.2) は，カワムラ・クワハラ (Kawamura-Kuwahara) スキーム [5] (以下 KK スキーム) とよばれるものであり，次式のように表すことができる．

$$\left[u\frac{\partial u}{\partial x}\right]_i = [u\delta_x'^1 u]_i + \frac{\alpha}{12}|u|(\Delta x)^3[\delta_x'^4 u]_i \tag{B.3}$$

$\delta_x'^m$ は，m 階微係数の中心差分である．上流化によって数値粘性項とよばれる4階微係数が付加され，差分式は，(中心差分) + (数値粘性) の形になることがわかる．なお，KK スキームでは数値粘性項の大きさを決める係数 α を，$\alpha = 3.0$ とする．

ここで導入された4階の数値粘性は，拡散効果をもつため分子粘性との区別が重要となるが，高階の拡散項は，それよりも低次の拡散を覆い隠さないという性質をもつ．そのため，バーガース方程式に含まれる2階の拡散項の効果を損なわずに，エリアシング誤差など数値不安定性による高次の変動のみを減衰させることが期待できる．

風上差分は，他に1次精度，5次精度のスキームが知られるが，前者は数値粘性項が2階の拡散となって分子粘性と区別できなくなること，後者はステンシルが7点と大きくなるため，レイノルズ数に対して十分な格子が確保できない場合には，3次精度スキームが有利と考えられる [6].

b. 4次精度中心差分項の離散化

前節で述べたように3次精度風上差分は，(中心差分) + (数値粘性) の形で表すことができる．以下に (中心差分) 項に適用した非線形項の型・離散化方法を示す.

非線形項の型については，発散型，勾配型，混合型の3型について解析を行った．一方，離散化については，一般的といえる $i \pm 1$ を用いた4次精度中心差分と，Morinishi らによる非圧縮性流体における完全保存形4次精度中心差分 [8] を用いた．なお，完全保存形中心差分に数値粘性項を加えた上流差分は，Kajishima により修正上流差分として報告されている [9]．式 (B.4)〜(B.9) に各非線形項の型に対する差分式を示す．$Div.$ は発散型，$Adv.$ は勾配型，$Skew.$ は混合型を表し，R はレギュラー格子，4は4次精度，S の有無は $i \pm 1$ を用いた標準的な離散化か否かを意味している．

$$Div. - R4S \quad \left[\frac{1}{2}\frac{\partial uu}{\partial x}\right]_i = \frac{1}{2}\frac{-u_{i+2}^2+8(u_{i+1}^2-u_{i-1}^2)+u_{i-2}^2}{12\Delta x} \tag{B.4}$$

B. バーガース方程式の数値解法

$$Adv.-R4S \quad \left[u\frac{\partial u}{\partial x}\right]_i = u_i\frac{-u_{i+2}+8(u_{i+1}-u_{i-1})+u_{i-2}}{12\Delta x} \tag{B.5}$$

$$Skew.-R4S \quad \left[\frac{1}{4}\frac{\partial uu}{\partial x}+\frac{1}{2}u\frac{\partial u}{\partial x}\right]_i = \frac{1}{2}\{(Div.-R4S)+(Adv.-R4S)\} \tag{B.6}$$

$$Div.-R4 \quad \left[\frac{1}{2}\frac{\partial uu}{\partial x}\right]_i = \frac{1}{2}\left\{\frac{4}{3}\frac{\delta_1(\bar{u}^{1x})^2}{\delta_1 x}-\frac{1}{3}\frac{\delta_2(\bar{u}^{2x})^2}{\delta_2 x}\right\} \tag{B.7}$$

$$Adv.-R4 \quad \left[u\frac{\partial u}{\partial x}\right]_i = \frac{4}{3}\overline{\bar{u}^{1x}\frac{\delta_1 u}{\delta_1 x}}^{1x}-\frac{1}{3}\overline{\bar{u}^{2x}\frac{\delta_2 u}{\delta_2 x}}^{2x} \tag{B.8}$$

$$Skew.-R4 \quad \left[\frac{1}{4}\frac{\partial uu}{\partial x}+\frac{1}{2}u\frac{\partial u}{\partial x}\right]_i = \frac{1}{2}\{(Div.-R4)+(Adv.-R4)\} \tag{B.9}$$

ただし，

$$\left.\frac{\delta_n \phi}{\delta_n x}\right|_{x1} \equiv \frac{\phi_{x1+n\Delta x/2}-\phi_{x1-n\Delta x/2}}{n\Delta x} \tag{B.10}$$

$$\left.\bar{\phi}^{nx}\right|_{x1} \equiv \frac{\phi_{x1+n\Delta x/2}+\phi_{x1-n\Delta x/2}}{2} \tag{B.11}$$

$$\overline{\psi\frac{\delta_n\phi}{\delta_n x}}^{nx} = \frac{\delta_n\psi\cdot\bar{\phi}^{nx}}{\delta_n x}-\phi\frac{\delta_n\psi}{\delta_n x} \tag{B.12}$$

一般に，非線形項の型，離散化方法によってスキームのもつ u（および uu）の保存特性が変わるため，得られる数値解は異なる．発散型は保存型とよばれる形式，勾配型は非保存型とよばれる形式であり，その保存特性は次式のようになる．

$$(Adv.-R4S) = \frac{4}{3}\frac{\delta_1\overline{uu}^{1x}}{\delta_1 x}-\frac{1}{3}\frac{\delta_2\overline{uu}^{2x}}{\delta_2 x}-u\cdot(Cont-R4) \tag{B.13}$$

$$(Adv.-R4) = 2\cdot(Div.-R4)-u\cdot(Cont-R4) \tag{B.14}$$

ただし，

$$\frac{\delta_n\overline{\overline{\phi\psi}^{nx_j}}}{\delta_n x_j} = \phi\frac{\delta_{2n}\psi}{\delta_{2n}x_j}+\psi\frac{\delta_{2n}\phi}{\delta_{2n}x_j} \tag{B.15}$$

$$\left.\overline{\overline{\phi\psi}}^{nx_j}\right|_{x_1} \equiv \frac{1}{2}\phi\left(x_1+\frac{nh_1}{2}\right)\psi\left(x_1-\frac{nh_1}{2}\right)+\frac{1}{2}\phi\left(x_1-\frac{nh_1}{2}\right)\psi\left(x_1+\frac{nh_1}{2}\right) \tag{B.16}$$

$$(Cont.-R4) = \frac{4}{3}\frac{\delta_2 u}{\delta_2 x}-\frac{1}{3}\frac{\delta_4 u}{\delta_4 x} \tag{B.17}$$

勾配型の式 (B.13), (B.14) は，式 (B.17) の $\partial u/\partial x$ の 4 次精度差分式が 0 になった場合，もしくは $u=0$ になった場合に保存型になることを示している．ただし，バーガース方程式では非圧縮性流体の連続の式がないこと，本問題では $Cont.-R4=0$ となる状況は三角波が減衰しきった場合，と想定できるので，ほぼ保存型にはならな

いと予測できる．混合型についても，発散型と勾配型の平均をとることから，同様のことがいえる．この特性は，数値粘性項が0，もしくは中心差分項に比して小さい場合には守られる．

なお，非圧縮性流体の場合は，当然，式 (B.14) の右辺第1項の係数は1になる．

c. 数値粘性項

数値粘性項は，KKスキームと同様に4階の拡散項とし，一般的な $i\pm 1$ を用いた差分式を適用する．ここでは，係数 α について式 (B.18)〜(B.21) の4つの値を用いた．α_1 はKKスキームと同値，α_3 はUTOPIAスキーム[10]と同値であり，一般的によく用いられる係数として選定した．α_2 は，MKKスキーム[11]と同値であるが，一般的とはいい難い．しかしながら，$Adv. - R4S$ と組み合わせた場合に，実効波数の考え方に基づいてその大きさを決めており，根拠のある数値として選定した．α_4 は，4階の拡散項の係数を正の定数として，u の絶対値を外したものである．u の絶対値が拡散項にかかっている場合は，4階の拡散項が大きくても $u=0$ であれば数値粘性が生じない．ゆえに $\alpha_1 \sim \alpha_3$ と α_4 は，そのふるまいが異なると考えられ，その影響をみるために選定した．

$$\alpha_1 = 3.0 \quad (\text{KK スキームと同値}) \tag{B.18}$$

$$\alpha_2 = \frac{3\pi}{4} \quad (\text{MKK スキームと同値}) \tag{B.19}$$

$$\alpha_3 = 1.0 \quad (\text{UTOPIA スキームと同値}) \tag{B.20}$$

$$\alpha_4 = \frac{C}{|u|} \quad (C = \text{正の定数}) \tag{B.21}$$

d. バーガース方程式に非圧縮性流体の非線形項スキームを適用する場合の問題点

(a) 勾配型では，波が進行しないスキームがある

KKスキームなどの勾配型非線形項に ±1 の格子点を用いたスキームは，領域中に速度が0となる点があると，$u_i = 0$ となること，NS式と異なり圧力項がないことから，波が進行しないと考えられる．そのため，ランダムな初期速度場を用いた場合には，波が進行するスキームと進行しないスキームで，同時刻における粘性の効き方が異なる可能性がある．

ここでは，初期値を $u(x,0) = \sin 2\pi x \ (0 \le x \le 1)$ としており，この問題は無視できると考えている．

(b) 連続の式がない

連続の式がないため，非圧縮性流体とは発散型が異なる．さらに，これによってスキームの保存特性が厳密には非圧縮性流体の場合と異なる場合を生じる．

また，b. 項で述べたとおり，中心差分項のスキームにおける保存特性は，連続の式

の精度に依存する．2次元以上の非圧縮性流体において圧力がある程度の精度で解け，全域でほぼ連続の式が満たされている場合と，バーガース方程式による解の衝撃構造近傍を考えてみると，非圧縮性流体で局所的に連続の式の精度が落ちていることに相当し，非圧縮性流体解析のスキームとしての評価については，このことを考慮する必要がある．

B.3 解析結果

a. 中心差分項のみの場合（数値粘性なしの場合）

はじめに，非線形項に数値粘性を付加しない4次精度中心差分のみで計算を行った．図 B.1 に，格子数 129, time = 0.5 における速度場を示す．図 B.1 の上図は計算領域の全域，下図は中間点近傍の分布である．スキーム精度を検証するために，2^{14} の格子点を用いた $Div.-R2S$ による結果を DNS としてプロットしている．なお，$Adv.-R4S$ は，発散したためにプロットされていない．

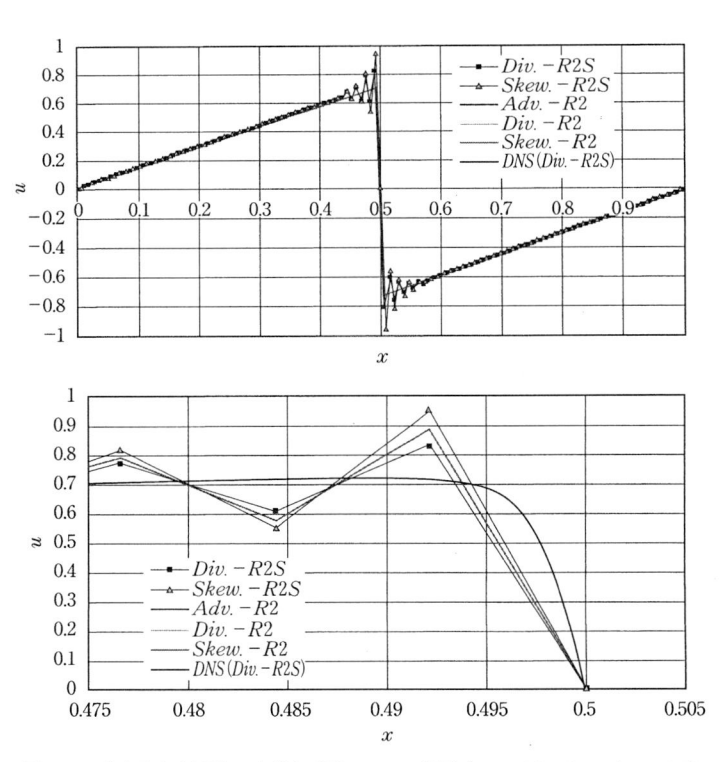

図 **B.1** 速度分布（上図），全域（下図）：$x=0.5$ 近傍 (129 grid points, time = 0.5)

図 B.1 の下図の分布から，精度によってスキームを 4 段階に分類できる．精度の高い順に，① $Div.-R4S$, $Adv.-R4$, ② $Skew.-R4$, ③ $Skew.-R4S$, $Div.-R4$, ④ $Adv.-R4S$ (発散) となる．標準的な差分式と，完全保存形中心差分を比較すると，$Adv.$ と $Div.$ の精度が逆転している．これは，完全保存形中心差分を $Adv.-R4S$ と $Div.-R4S$ の和の形で表したときに，$Div.-R4$ における $Adv.-R4S$ の重みが $Adv.-R4$ よりも大きいためと考えられる．なお，格子点を 513 点とした場合には，いずれのスキームも振動は生じず，ほぼ等しい結果が得られる．

図 B.2 にカットオフ波数近傍におけるエネルギースペクトルの比較を示す．いずれのスキームも，DNS より過大にエネルギースペクトルを見積もっていることがわかる．スキームによる精度は，速度と同様に，$Div.-R4S$, $Adv.-R4$ が最も高い．

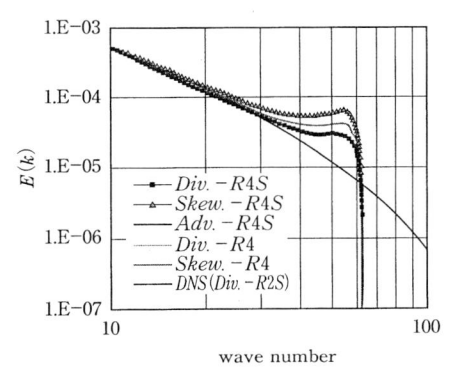

図 B.2 カットオフ波数近傍のエネルギースペクトル比較
(129 grid points, time = 0.5)

b. $|u|$ を含む数値粘性項，および係数の大きさの影響

次に，数値粘性項の係数を $\alpha_1 \sim \alpha_3$ (3.0, $3\pi/4$, 1.0) とした場合について解析を行った．格子数 129 点，time = 0.5 における速度場の全域を図 B.3〜B.5 に，中間位置近傍を図 B.6〜B.8 に示す．

図 B.3〜B.5 より明らかなように，α の値によらず，速度場に有意な差が生じているのは，中間位置近傍のみであることがわかる．その領域における解を比較すると，$Adv.-R4S+\alpha$ 以外のスキームは，$x=0.5$ で $u=0$ となるのに対し，$Adv.-R4S+\alpha$ は $x=0.5$ から波が進行しており，その特性に違いがみられる．このような現象は，図 B.1 に示した中心差分のみの結果ではみられなかったことから，数値粘性項の影響と考えられる．また，$Adv.-R4S+\alpha$ のスキームは，他スキームと異なり $Div.-R4S$ をまったく含まないことから，$Div.-R4S$ の有無によって，$Adv.-R4S+\alpha$ のスキームのみにこの現象が生じたと考えられる．

図 B.3　$\alpha_1 = 3.0$,　全域 (129 grid points, time = 0.5)

図 B.4　$\alpha_2 = 3\pi/4$,　全域 (129 grid points, time = 0.5)

図 B.5　$\alpha_3 = 1.0$,　全域 (129 grid points, time = 0.5)

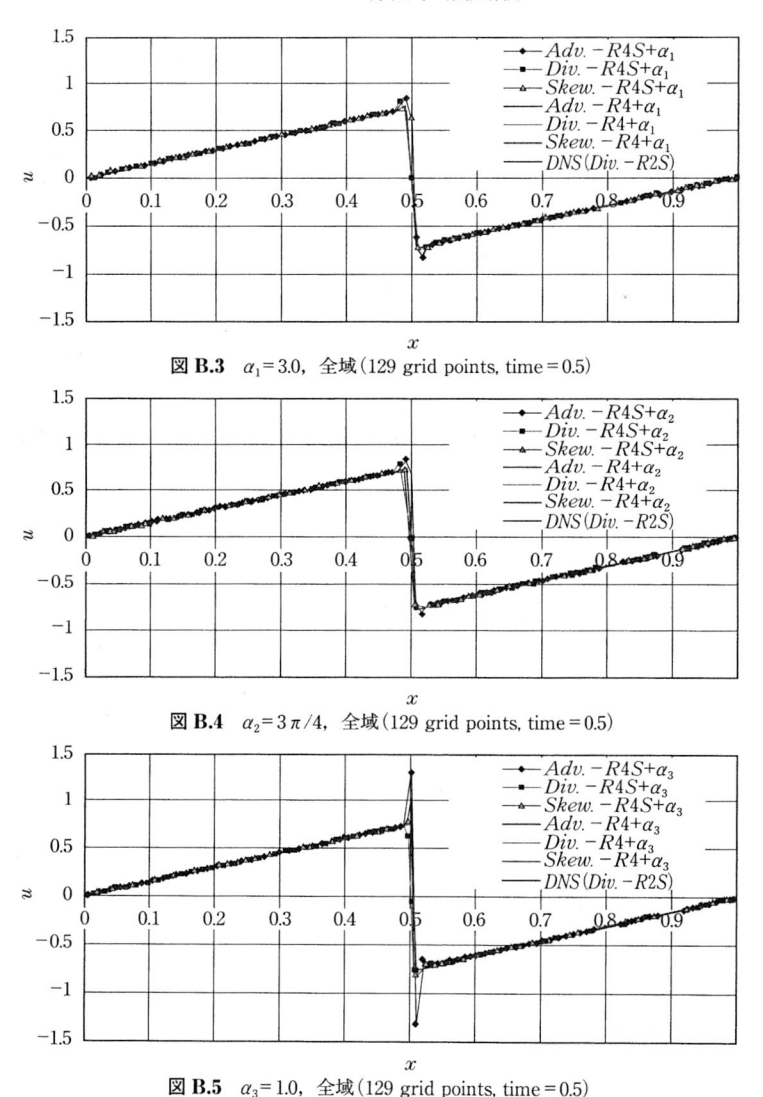

　数値粘性項の係数と速度分布の精度の関係についても，$Adv.-R4S+\alpha$ と，それ以外のスキームでは違いがみられる．$Adv.-R4S+\alpha$ のスキームは，$\alpha = 3.0$ の場合が最も精度が高いのに対し，それ以外のスキームでは逆に $\alpha = 1.0$ の場合に最も精度が上がる．

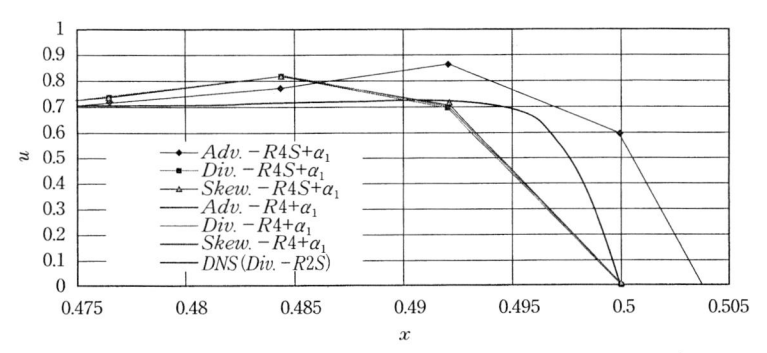

図 B.6 $\alpha_1 = 3.0$ による速度分布，$x = 0.5$ 近傍（129 grid points, time = 0.5）

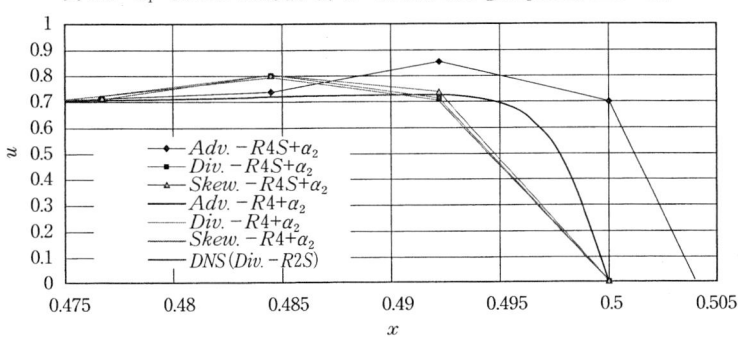

図 B.7 $\alpha_2 = 3\pi/4$ による速度分布，$x = 0.5$ 近傍（129 grid points, time = 0.5）

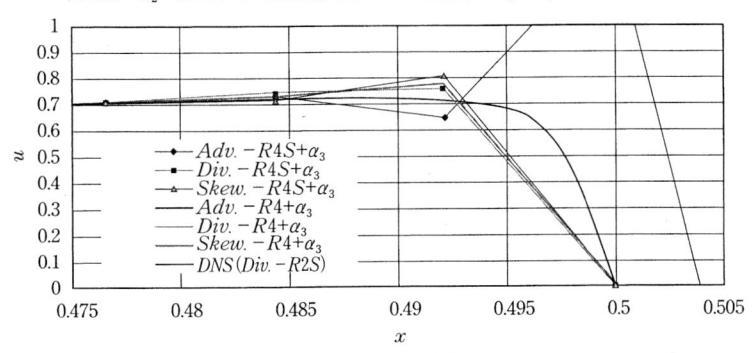

図 B.8 $\alpha_3 = 1.0$ による速度分布，$x = 0.5$ 近傍（129 grid points, time = 0.5）

速度分布から評価すると，$|u|$ を含むすべてのスキームの中で最も精度が高い解は，$Div. - R4S + \alpha_3$, $Adv. - R4 + \alpha_3$ であった．

続いて，図 B.9〜B.11 にカットオフ波数近傍のエネルギースペクトル比較を示す．速

図 B.9 $\alpha_1 = 3.0$ によるエネルギースペクトル
(129 grid points, time = 0.5)

図 B.10 $\alpha_2 = 3\pi/4$ によるエネルギースペクトル
(129 grid points, time = 0.5)

図 B.11 $\alpha_3 = 1.0$ によるエネルギースペクトル
(129 grid points, time = 0.5)

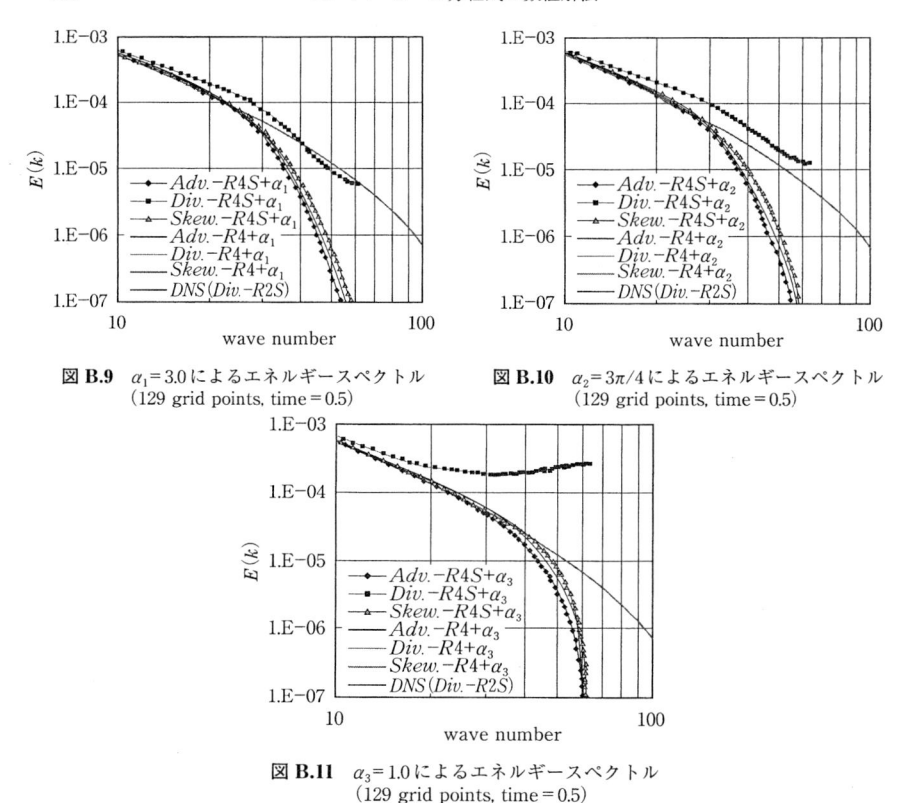

度分布と同様に $Adv. - R4S + \alpha$ と，それ以外のスキームでは特性が異なる．$Adv. - R4S + \alpha$ のスキームがカットオフ波数近傍で，エネルギースペクトルを DNS と同程度もしくはそれ以上に評価しているのに対し，それ以外のスキームは急激に減衰しており高波数成分を再現していないことがわかる．また，速度分布の場合と同様に，$Adv. - R4S + \alpha$ のスキームは $\alpha = 3.0$ の場合，それ以外のスキームは $\alpha = 1.0$ の場合が最も精度が高い．

本問題におけるエネルギースペクトルの時間変化過程は，初期の低波数側のみの分布から，三角波の形成に伴って急激に高波数側のエネルギースペクトルが上昇，その後，粘性によって高波数側のスペクトルが減衰していくというものである．図 B.9〜B.11 に示した time = 0.5 は，高波数が上昇している過程であり，この図からのみ，エネルギースペクトルについて総合的な精度を判断することはできない．しかしながら，他スキームよりも DNS に沿う傾向が強い $Adv. - R4S + \alpha_1$ (KK スキーム)，および $Adv. - R4S + \alpha_2$ (MKK スキーム) は，カットオフ波数において，それ以外の

B.3 解析結果

スキームよりも精度がよいと予測できる．また，$Adv.-R4S+\alpha$ 以外のスキームについても，α_3 を用いれば，カットオフ波数 $k = 64$ に対して $k = 40$ まではよい精度を保っており，ある程度の計算格子が確保でき，かつ目的とする精度によっては，十分な成果が期待できると考えられる．

c. 数値粘性項の係数 $|u|$ の効果

最後に，数値粘性項の大きさを決める係数 $|u|$ の影響について検討するために，$\alpha = C/|u|$ (C：定数)とした解析を行った．ここでは，$|u|$ を含んだ数値粘性項による結果との比較を考え，$u = 1.0 \sim 1.33$，$\alpha = 1.0, 3.0$ を想定し，$C = 1.0, 2.0, 4.0$ について解析を行った．図 B.12～B.14 に格子点数 129，time $= 0.5$ における速度分布を示す．

図から，C が大きくなるに伴い，$x = 0.5$ の格子点から $x = 0$ 側の 1 点目が減衰，2 点目，3 点目の速度が大きく評価されることがわかる．速度分布の精度としては大きな差はないものの，$Adv.-R4S+\alpha$ 以外のスキームでは $C = 1.0$ が最も精度がよく，

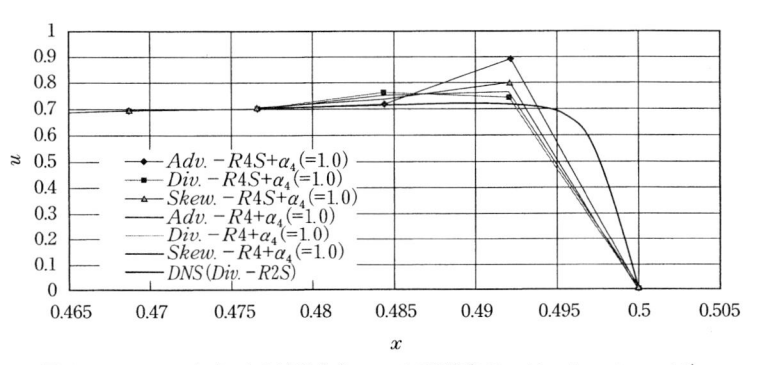

図 B.12 $\alpha_4 = 1.0/|u|$ による速度分布，$x = 0.5$ 近傍 (129 grid points, time $= 0.5$)

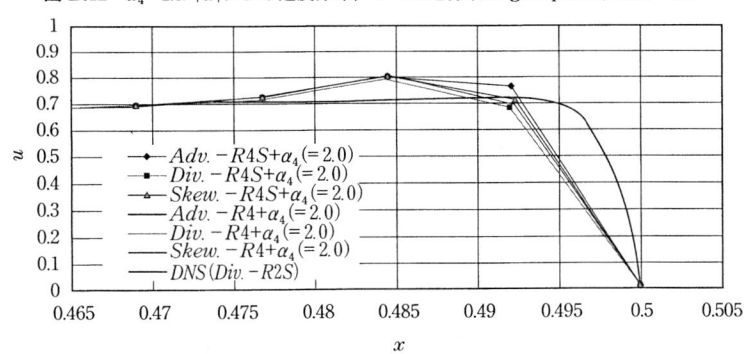

図 B.13 $\alpha_4 = 2.0/|u|$ による速度分布，$x = 0.5$ 近傍 (129 grid points, time $= 0.5$)

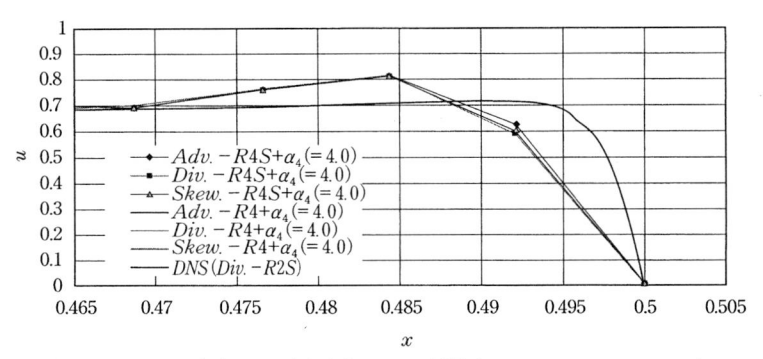

図 B.14 $\alpha_4 = 4.0/|u|$ による速度分布，$x = 0.5$ 近傍 (129 grid points, time = 0.5)

$|u|$ を含むスキームで最も速度分布の精度の高い $Div. - R4S + \alpha_3$，$Adv. - R4 + \alpha_3$ と同程度である．しかしながら，$C = 1.0$ の一般的な根拠はないと思われ，ランダムな初期値などの場合に，どうやって定数 C を決めるかが問題になる．一方，$Adv. - R4S + \alpha$ のスキームは，分布に違いはみられるが，全体的な精度に大きな違いはみられない．

また，前節 b. 項の図 B.6〜B.8 に示したように，$|u|$ を含む係数では $Adv. - R4S + \alpha$ のスキームが $x = 0.5$ において $u \neq 0$ となったのに対し，図 B.9〜B.11 では $u = 0$ となっていることがわかる．このことから，数値粘性項の $|u|$ が誤差を増幅させた要因の1つであることが推測できる．

図 B.15〜B.17 にカットオフ波数近傍のエネルギースペクトル比較を示す．C の増加に伴って，DNS に合致する波数域が狭くなっていくことがわかる．また，$|u|$ を含む係数を用いた $Adv. - R4S + \alpha$ のスキームは，カットオフ波数近傍で DNS に沿う

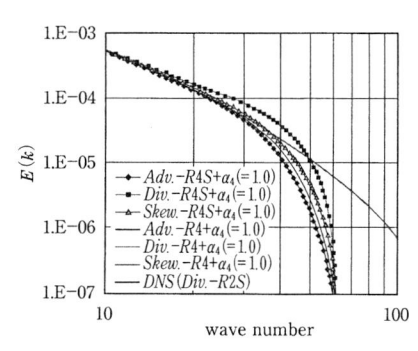

図 B.15 $\alpha_4 = 1.0/|u|$ によるエネルギースペクトル (129 grid points, time = 0.5)

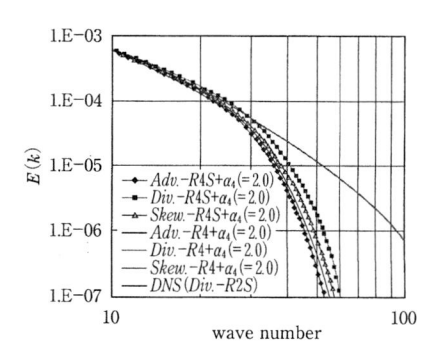

図 B.16 $\alpha_4 = 2.0/|u|$ によるエネルギースペクトル (129 grid points, time = 0.5)

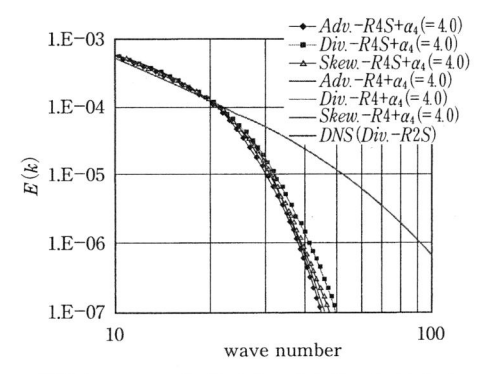

図B.17 $a_4 = 1.0/|u|$によるエネルギースペクトル
(129 grid points, time = 0.5)

傾向がみられたが，$|u|$を含まない場合には，他スキーム同様に，カットオフ波数で急激に減衰することがわかる．

B.4 ま と め

以上の解析から得られた結果を列挙すると次のようになる．

(1) 中心差分項のみの解析結果から，$Div. - R4S$, $Adv. - R4$の精度が最も高い．

(2) $|u|$を係数に含む数値粘性項を用いた場合，$Adv. - R4S + \alpha$とそれ以外のスキームで，係数の大きさと速度分布の精度の関係が逆となる．$Adv. - R4S + \alpha$のスキームは係数が3.0の場合が，それ以外のスキームは$\alpha = 1.0$の場合が最も精度が良い．一方，$|u|$を含まない場合には，$Adv. - R4S + \alpha$のスキームではCによる大きな精度の差はみられず，それ以外のスキームでは$C = 1.0$の精度が比較的高い．

(3) $|u|$を係数に含む数値粘性項を用いた場合，$Adv. - R4S + \alpha$のスキームではエネルギースペクトルがDNSに沿う傾向がみられるのに対して，それ以外のスキームではカットオフ波数近傍で急激に減衰する．$|u|$を含まない場合は，すべてのスキームがカットオフ波数近傍で減衰する．

(4) $|u|$を係数に含む数値粘性項を用いた場合，$Adv. - R4S + \alpha$のスキームは$x = 0.5$で$u \neq 0$となる．$|u|$を含まない$\alpha = C/|u|$の場合には$u = 0$となる．

(5) 上記(2)〜(4)に示した他スキームと$Adv. - R4S + \alpha$のスキームの違いは，他スキームが何らかの形で$Div. - R4S$を含んでいるのに対し，$Adv. - R4S + \alpha$はまったく含んでいないことに起因すると予測される．

(6) 付録Bで検討したスキームのうち，速度分布の精度が高かったのは，$Div. - R4S + \alpha_3$，$Adv. - R4 + \alpha_3$，$Div. - R4S + \alpha_4$，$Adv. - R4 + \alpha_4$であった．ただし，

α_4 を用いるスキームは，問題に応じて定数 C を検討する必要がある．
(7) 付録 B で検討したスキームのうち，エネルギースペクトルの精度が高かったのは，カットオフ波数 $k = 64$ 近傍では $Adv. - R4S + \alpha_1, +\alpha_2$ のスキーム，また $k = 40$ 程度までは α_3 とした $Adv. - R4S + \alpha$ 以外のスキームであった．

参考文献

[1] Hopf, E. : The partial difference equation $u_t + uu_x = u_{xx}$, *Comm. Pure Appl. Math.*, 3, 201–230, 1950.

[2] Cole, J. D. : On a quasi-linear parabolic equation occurring in aerodynamics, *Quart. Appl. Math.*, 9, 225–236, 1951.

[3] Alam, Md. S. et al. : Numerical schemes for solving the Burgers equation, 京都大学数理解析研究所講究録 449, 163–181, 1982.

[4] Adams, N. A. et al. : A subgrid-scale deconvolution approach for shock capturing, *J. Comp. Phys.*, 178, 391–426, 2002.

[5] Kawamura, T. and Kuwahara, K. : Computation of high Reynolds number flow around circular cylinder with surface roughness, AIAA paper, 84–0340, 1984.

[6] Kuwahara, K. : Unsteady flow simulation and its visualization, AIAA paper, 99–3405, 1999.

[7] Tadmor, E. : *J. Math. Anal. Appl.*, 103, 428, 1984.

[8] Morinishi, Y., Lund, T. S., Vasilyev, O. V. and Moin, P. : Fully conservative higher order finite difference schemes for incompressible flow, *J. Comp Phys*, 143, 90–124, 1998.

[9] 梶島岳夫：非圧縮流れのための上流補間法，日本機械学会論文集 B 編，**60**, 574, 3319–3326, 1994.

[10] Leonard, B.P. : A stable and accurate convective modeling procedure based on quadratic upstream interpolation, *Comput. Methods in Appl. Mech. and Engng.*, 19, 59–98, 1979.

[11] 大井田淳一・桑原邦郎：格子による乱流生成の 3 次元シミュレーション，流体力学講演会講演論文集，2003.

索 引

欧 文

Adams-Bashforth 法　20
ADI 法　50

Boussinesq 近似　128
Burgers 方程式　97

Cauchy の境界条件　36
Coriolis 力　129
Courant 数　51
Crank-Nicolson 法　49
C 型格子　94

Dirichlet 条件　36
DNS　149, 150

Euler 法　13

Fourier 級数　29
FTCS 法　43

Gauss-Seidel 法　67

Helmholtz 分解　112
Hermite 補間　86
Hopf-Cole 変換　156
H 型格子　92

Jacobi の反復法　68

Kármán 渦　123
Kawamura-Kuwahara スキーム　118

Lagrange 補間法　83
Laplace 方程式　27
Lax-Wendroff 法　55
Lax の同等定理　48
LES　149, 150
L 型格子　94

MacCormack 法　56
MAC 法　110, 142, 143

Navier-Stokes 方程式　95
Neumann 条件　36

O 型格子　92

Poisson 方程式　27

Robin 条件　36
Runge-Kutta 法　19

Simpson の公式　19
SMAC 法　114, 116
SOR 法　68, 145

Taylor 展開　2
Thomas 法　11

von Neumann の方法　46

ア　行

アダムス・バッシュフォース法　20, 156
安定　45
安定条件　45

索引

位相誤差　58
1次元拡散方程式　27
1次元の座標変換　73
1次元波動方程式　27
1次精度上流差分(法)　58, 99, 153
一般座標　72
一般の拡散方程式　30
移流方程式　28, 50
陰解法　43, 57
陰的な差分法　11

運動方程式　96
運動量の保存　96

影響領域　29
エネルギースペクトル　164
エリアシング　101
エリアシングエラー　146, 149
エルミート補間　86
円柱座標系　6
円柱を過ぎる流れ　121

オイラー陰解法　43
オイラーの公式　45
オイラー法　13
オイラー方程式　108
オイラー陽解法　43

カ　行

解析的格子生成法　89
ガウス・ザイデル法　68, 145
拡散係数　30
拡散方程式　37, 136, 140, 152
火災旋風　129
加速係数　68
加速度　96
加速度項　137
片側差分　138
カットオフ波数近傍　161
カルマン渦　123
カワムラ・クワハラスキーム　118, 157

管状ベクトル　112

キャビティ流れ　118
境界条件　21, 35
境界層　108
境界値問題　21

クランク・ニコルソン(陰解)法　49, 118
クーラン数　51

建造物まわりの流れ　127

格子　92
格子生成　83
格子生成法　72
格子点　21, 38
格子番号　38
高周波成分　146
後退差分　3
コーシーの境界条件　36
コーシーの初期条件　36
コリオリ力　129
混合境界条件　36
コンパクト差分　10

サ　行

最大・最小の定理　32
座標変換　73
差分近似式　154
差分格子　21, 38
差分スキーム　48
3項方程式　24
3次元の拡散方程式　49
3次元の座標変換　79
3次精度上流差分(法)　103, 154

時間依存性のある座標変換　82
時間発展方程式　36
質量の保存　96
修正子　18
自由表面問題　81

消去法　67
衝撃波　99
上流差分 (法)　99, 100, 141
初期基礎曲線　35
初期曲線　35
初期条件　12, 35
初期値・境界値問題　37
初期値問題　12
シンプソンの公式　19, 20

数値粘性　104, 154, 157
数値粘性項　157, 159
スカラーポテンシャル　115
スキーム　159
スペクトル半径　47

精度　3
絶対不安定　53
線形移流方程式　50
線形2階偏微分方程式　26
線形補間　84
前進差分　3

双曲型　26
双曲型方程式　28
増幅率　45

タ 行

第1種境界条件　36
台形公式　18
第3種境界条件　36
代数的格子生成法　83
第2種境界条件　36
楕円型　27
楕円型偏微分方程式　32
多項式近似　7
多重格子法　69, 118
多方向上流差分　105, 155
多方向ラグランジュ補間　89
断熱条件　47

中心差分　3, 138, 157
超限補間　88, 89
調和関数　32

翼まわりの流れ　125

低周波成分　146
テイラー展開　2
ディリクレ条件　36
適合　48
適切な境界値問題　36
適切な初期値問題　48

動粘性率　95
特性曲線　29
トーマス法　11, 25

ナ 行

ナビエ・ストークス方程式　95, 136

2次元ナビエ・ストークス方程式　142
2次元の拡散方程式　62
2次元の座標変換　75
2次精度 (の) 上流差分法　102, 153
2次のルンゲ・クッタ法　19

熱源　65
熱対流　128
熱伝導　37
熱平衡状態　65
粘着条件　108

ノイマン条件　36

ハ 行

バーガース方程式　97, 136, 141, 156
波動方程式　60, 136, 138
反復式　67
反復法　67

非圧縮性流れ　95
非圧縮性ナビエ・ストークス方程式　106, 118, 129, 147
非回転ベクトル　112
非線形不安定性　101
非粘性バーガース方程式　97
標準形　26

フォン・ノイマンの方法　46
副格子　105
複素増幅率　45
ブシネスク近似　128
物体まわりの流れ　123
不等間隔格子　73
フラクショナル・ステップ法　116
フーリエ成分　30
プロジェクション法　118

平均の定理　32
ヘルムホルツ分解　112

ポアソン方程式　27, 118, 143, 144
放物型　26
放物型方程式　29
補間法　83
ホップ・コール変換　156

マ 行

マコーマック法　56
マッハ数　109
マルチグリッド法　145

無条件安定　46

モデル方程式　136

ヤ 行

ヤコビアン　76
ヤコビ(の反復)法　68, 144

優調和関数　34

陽解法　43
4次精度中心差分　157
4次のルンゲ・クッタ法　19
予測子　18
予測子・修正子法　19

ラ 行

ラグランジュの補間多項式　83
ラグランジュ微分　97
ラグランジュ補間法　83
ラックスの同等定理　48
ラックス・ベンドロフ法　55
ラプラスの演算子　9
　——の意味　34
　——の変換　78
ラプラス方程式　27

ルンゲ・クッタ法　19

レイノルズ数　95, 118
劣調和関数　34
連続の式　96

ロバン条件　36

編著者略歴

桑原　邦郎（付録A）
- 1942年　東京都に生まれる
- 1970年　東京大学大学院理学研究科博士課程退学
  - 東京大学工学部助手，アメリカ航空宇宙局（NASA）客員研究員を経て
- 現　在　（独）宇宙航空研究開発機構宇宙科学研究本部宇宙環境利用科学研究系助教授
  - 理学博士

河村　哲也（第1〜4章）
- 1954年　京都府に生まれる
- 1978年　東京大学大学院工学研究科修士課程修了
  - 千葉大学工学部教授などを経て
- 現　在　お茶の水女子大学大学院人間文化研究科教授
  - 工学博士

著者略歴

小紫　誠子（第5章）
- 1973年　東京都に生まれる
- 1999年　お茶の水女子大学大学院人間文化研究科博士後期課程退学
- 現　在　日本大学理工学部専任講師
  - 博士（理学）

大井田淳一（付録B）
- 1975年　秋田県に生まれる
- 2000年　芝浦工業大学大学院工学研究科修士課程修了
- 2004年　総合研究大学院大学物理科学研究科退学

流体計算と差分法

定価はカバーに表示

- 2005年2月25日　初版第1刷
- 2022年3月25日　第12刷

編著者　桑　原　邦　郎
　　　　河　村　哲　也
発行者　朝　倉　誠　造
発行所　株式会社　朝倉書店
　　　　東京都新宿区新小川町6-29
　　　　郵便番号　162-8707
　　　　電　話　03(3260)0141
　　　　FAX　03(3260)0180
　　　　https://www.asakura.co.jp

〈検印省略〉

東京書籍印刷・渡辺製本

© 2005〈無断複写・転載を禁ず〉

ISBN 978-4-254-23105-2　C 3053　　Printed in Japan

JCOPY　〈出版者著作権管理機構　委託出版物〉

本書の無断複写は著作権法上での例外を除き禁じられています．複写される場合は，そのつど事前に，出版者著作権管理機構（電話 03-5244-5088，FAX 03-5244-5089，e-mail: info@jcopy.or.jp）の許諾を得てください．

好評の事典・辞典・ハンドブック

物理データ事典　日本物理学会 編　B5判 600頁

現代物理学ハンドブック　鈴木増雄ほか 訳　A5判 448頁

物理学大事典　鈴木増雄ほか 編　B5判 896頁

統計物理学ハンドブック　鈴木増雄ほか 訳　A5判 608頁

素粒子物理学ハンドブック　山田作衛ほか 編　A5判 688頁

超伝導ハンドブック　福山秀敏ほか 編　A5判 328頁

化学測定の事典　梅澤喜夫 編　A5判 352頁

炭素の事典　伊与田正彦ほか 編　A5判 660頁

元素大百科事典　渡辺 正 監訳　B5判 712頁

ガラスの百科事典　作花済夫ほか 編　A5判 696頁

セラミックスの事典　山村 博ほか 監修　A5判 496頁

高分子分析ハンドブック　高分子分析研究懇談会 編　B5判 1268頁

エネルギーの事典　日本エネルギー学会 編　B5判 768頁

モータの事典　曽根 悟ほか 編　B5判 520頁

電子物性・材料の事典　森泉豊栄ほか 編　A5判 696頁

電子材料ハンドブック　木村忠正ほか 編　B5判 1012頁

計算力学ハンドブック　矢川元基ほか 編　B5判 680頁

コンクリート工学ハンドブック　小柳 洽ほか 編　B5判 1536頁

測量工学ハンドブック　村井俊治 編　B5判 544頁

建築設備ハンドブック　紀谷文樹ほか 編　B5判 948頁

建築大百科事典　長澤 泰ほか 編　B5判 720頁

価格・概要等は小社ホームページをご覧ください．